JN202384

環境経営
イノベーション
4

責任編集　植田和弘・國部克彦

企業経営と環境評価

栗山浩一 ＝編著

中央経済社

「環境経営イノベーション」シリーズの発刊に寄せて

　地球環境問題が21世紀最大の課題であると認識されて，すでにかなりの年月が経過した。その間にも地球環境の危機と問題対応の緊急性は一層増している。特に，気候変動問題，生物多様性問題，水資源を含む資源枯渇の問題は，地球規模での対策が求められる喫緊の課題である。これらの課題については，世界規模でいくつもの会議が開かれ，国内外で多くの環境政策が実施されてきた。企業や環境NGOも努力を重ねているが，現時点で十分な成果を達成しえたとは言えない。

　地球環境問題の深刻さが認識されながら，その克服に抜本的に有効な対策が取れない理由は，地球環境問題の原因が，人類の生活と繁栄を支えてきた経済活動そのものにあり，問題の解決には現代社会の基盤である経済システムそのものの革新が必要とされていることにある。したがって，地球環境対策は総論では賛成されるものの，各論では現在の権益を維持しようとする力が強く働き，実行されにくくなる。国際社会もこのような状況に手を拱いているわけではない。気候変動問題についてみれば，1997年には京都議定書を纏め上げて2005年には発効にこぎつけた。そして，2009年にはCOP15でより多くの国家の参加による気候変動への取り組みの意志が，不十分とはいえ確認された。また，環境税や排出量取引制度のような経済的手法も，EU諸国を中心に導入が進められ，日本でも導入に向けた検討が深められている。

　しかし，このような各国，国際社会の努力が，経済活動の中心である企業の現場において，十分に効果を発揮しているかといえば，疑問が残らざるをえない。地球環境問題は，現代社会の中心的経済主体である企業の積極的な取り組み無くして，解決の展望を見出すことはできない。企業に環境対応を実行させるためには，直接的な規制，間接的な規制，そして企業の自主的な活動の促進など，さまざまな政策をミックスして進めることが必要である。しかし，これ

までの政策は，経済というマクロからのアプローチと，企業現場におけるミクロのアプローチの乖離が大きく，必ずしも効果的であったとは評価できない。

経済と経営は隣接領域ではあるが，マクロレベルの理論とミクロレベルの実践との間の懸隔は意外に大きかった。この両者を架橋する理論の構築と先駆的取り組みが環境面でも求められている。そこで，本シリーズでは，環境経営イノベーションを鍵概念として，環境経済と環境経営の融合を追求することを目的としている。イノベーションは経済においても経営においても，発展のために不可欠の要素であり，駆動力と言ってもよい。同時に，イノベーションなくして地球環境問題に対応することはできないことが明らかになっている。環境を基礎にした文明史的転換とも言えるダイナミックな変化が動き出している現代においては，経済と経営を総合するイノベーションが必要であり，そこに環境経済と環境経営を融合して考えるべき学問領域が成立する。

本シリーズは，環境経済学の領域を植田が，環境経営学の領域を國部が担当し，それぞれの研究領域の最前線で活躍されている研究者に執筆をお願いし，刊行するものである。環境経済学や環境経営学に関するシリーズはすでにいくつか刊行されているが，その両者の融合を目指したものは，本シリーズが初めてである。この試みが，環境経済と環境経営の融合を促進し，地球環境問題の解決に寄与する取り組みや政策が生まれることを願ってやまない。

本シリーズの企画刊行にあたっては，中央経済社の山本継会長と酒井隆氏の熱意とご支援に負うところが大きい。記して感謝の意を表したい。

2010年9月

植田　和弘
國部　克彦

は　し　が　き

　企業の環境経営をめぐる状況は新たな局面を迎えている。2015年9月に国連総会で「持続可能な開発目標（SDGs）」が採択され，持続可能な社会を実現するための国際目標が示された。これを受けて，日本経済団体連合会（経団連）は2017年11月に企業行動憲章を改定し，持続可能な社会を実現するための企業の役割と社会的責任を明示した。持続可能な社会を達成するうえで企業の役割は大きく，そして企業の環境経営はその中心的な役割を担うものである。

　環境経営を実現するには，企業の環境対策を適切に評価し，企業経営の意思決定に反映することが不可欠である。しかし，環境経営を評価することは決して容易なことではない。第一に，きわめて広範囲に及ぶ企業の環境対策を総合的に評価する必要がある。企業の環境対策には，大気汚染対策，水質汚染対策，廃棄物対策，温暖化対策，生物多様性保全対策など多数のものが含まれる。このため，個々の環境対策を評価するだけではなく，総合的な観点から環境対策の効果を評価する必要がある。

　第二に，企業の環境対策は様々な利害関係者に影響するため，多様な視点から評価する必要がある。企業の環境対策の影響が及ぶ範囲は消費者，投資家，従業員などの直接的な利害関係者だけではなく，地域住民や国内外の一般市民，さらには将来世代にまで広がっている。したがって企業内部の視点だけではなく，多様なステークホルダーの視点から環境経営を評価する必要がある。

　第三に，環境経営は環境対策の物量効果だけではなく経済的な効果も評価する必要がある。環境対策にはコストが必要であり，少ないコストで高い効果を実現することが企業には求められる。そのためには，対策コストと対策効果を比較する必要があり，環境対策の効果を金銭単位で評価する必要がある。

　これらの課題に対して，本書では2つの点から独自の検討を行っている。本書の第一の特徴は，環境経済学で研究が進められてきた「環境価値評価」に着

目した点である。「環境価値評価」は価格の存在しない環境の価値を金銭単位で評価する手法である。これまで環境政策の評価手法として用いられてきた評価手法であるが，本書では企業の環境経営を評価するための手法としての適用可能性を検討している。具体的には，環境保全型製品の評価，ライフサイクル・アセスメント（LCA）を用いた評価，環境投資行動の評価，環境リスクの評価，自然資本の評価などにおいて環境価値評価を用いた実証分析を行い，多様な観点から環境経営の評価を試みている。

本書のもう1つの特徴は，環境経営・会計学，環境経済学，環境工学などの異分野の研究者による学際的な実証分析を行っていることである。環境経営を評価するためには，企業の環境対策の影響を環境工学の手法で物量的に評価し，それを環境経済学の評価手法で金銭換算したうえで，企業経営に反映させるプロセスが不可欠である。これまで，環境経営・会計学，環境経済学，環境工学の各領域で様々な分析手法が開発されてきたが，本書ではこれらの分析手法を統合し，環境経営を評価するための新たな学際的なフレームワークを提案している。

なお，本書の執筆者は過去に多数の共同研究を行ってきた。本書の基盤となった研究成果には以下のものが含まれるが，本書ではその後の最新の研究動向が反映されている。

Murakami, K., N. Itsubo, K. Kuriyama, K. Yoshida, and K. Tokimatsu (2017) Development of weighting factors for G20 countries. Part 2: estimation of willingness to pay and annual global damage cost. International Journal of Life Cycle Assessment, 1-17.

栗山浩一（2014）「生物多様性とビジネス」『農業と経済』80（9），26-37。

栗山浩一（2005）「コンジョイント分析による地球温暖化効果と安全性の評価」『早稲田大学政治経済学雑誌』No.358, 60-82。

伊坪徳宏・坂上雅治・栗山浩一・鷲田豊明・國部克彦・稲葉敦（2003）「コンジョイント分析の応用によるLCIAの統合化係数の開発」『環境科学会誌』16（5），357-368。

栗山浩一・國部克彦・羽田野洋充（2002）「企業の環境対策の経済的評価と環境会計への応用」『環境経済・政策学会和文年報』No.7, 57-69。

　本書では様々な実証分析を行っているが，その際には多数の企業や行政の担当者から協力を得てきた。ご協力いただいた方々に厚く御礼を申し上げたい。また本書の執筆・編集に際しては，中央経済社の酒井　隆氏から多数の助言をいただいた。

　本書の内容は環境経営の実務に直結するものである。環境経営の研究者だけではなく，企業の環境経営に関心を持つ多くの方々も本書を読むことを想定している。本書をきっかけとして，さらに多くの企業が環境経営の評価を実践し，評価結果を企業経営の意思決定に反映すること，そして何よりも持続可能な社会の実現に本書が貢献できることを期待している。

2018年5月

栗山　浩一

目　　次

第 5 章　環境投資行動の評価　　　83

第1章

環境経営と環境価値評価

1 環境経営の評価とは

環境経営を実現するためには，企業の環境対策を適切に評価し，企業経営に反映することが不可欠である。たとえ，企業の経営者が環境対策に対して目指すべき経営理念を持っていたとしても，自社がどれだけの環境負荷を排出しているのか，そして現在の環境対策がどれだけの効果を持っているのかをデータによって示さない限り，企業の経営者は適切な意思決定を行うことができない。したがって，環境経営の評価は，環境経営を実現する上で極めて重要な役割を持っている。

しかし，一方で環境経営の評価は容易なものではない。企業の環境対策には様々なものがあり，大気汚染や水質汚染などのかつての公害対策だけではなく，温暖化対策，廃棄物対策，生物多様性保全対策などの地球環境問題への対策も求められている。また企業の環境対策の影響を受けるステークホルダー（利害関係者）は，消費者，投資家，従業員などの直接的な利害関係者だけではなく，地域住民や国内外の一般市民，さらには将来世代にまで広がっている。したがって，環境経営を評価するためには，こうした企業の多様な環境対策を多様なステークホルダーの視点から評価することが求められる。

環境経営を評価する上で特に問題となるのは，環境対策の効果を金銭単位で評価することが必要となることである。企業の環境対策の効果として，CO_2の

排出削減量や廃棄物の削減量などの物量単位で評価することが多い。しかし、物量評価では、環境対策が対策コストに見合ったものかどうかを判断することは難しい。たとえば、ある企業がCO_2を1万トン削減するために5,000万円の費用のかかる省エネ設備の導入を検討しているとしよう。このとき、これだけの費用をかけて1万トンを削減することが妥当かどうか経営者は判断できないかもしれない。しかし、これを金銭換算することで温暖化対策の効果が1億円と評価されたならば、この設備導入は、5,000万円の費用を上回る効果があると経営者は判断できるであろう。このように、環境対策で得られる環境負荷の削減効果を金銭単位で評価することができれば、環境対策のコストと効果を直接比較することで環境対策の効率性を判断することが可能となる。

だが、環境には価格が存在しないため、環境対策の効果を金銭単位で評価することは容易ではない。企業の環境対策の効果を金銭単位で評価するためには、森林、大気、水、生態系などの環境対策で守られる自然環境の価値を金銭単位で評価することが不可欠である。このため、環境経営の評価では、環境対策の効果をいかにして金銭単位で評価し、環境対策のコストと比較可能にするかが重要な課題となっていた。

そこで、本書では環境経済学で研究の進められてきた「環境価値評価」に着目し、環境対策の効果を金銭単位で評価することで企業の環境経営を評価する。環境経済学では、価格の存在しない環境の価値を金銭単位で評価する手法として「環境価値評価」の研究が進められてきた。環境価値評価は、環境が人々の経済行動に及ぼす影響をもとに間接的に環境の価値を評価したり、あるいは人々に環境の価値を直接たずねることで環境の価値を評価する。環境政策の評価手法として海外では1960年代から研究が進められ、1980年代から様々な環境政策で用いられてきた。国内でも公共事業の費用対効果分析の評価手法などで1990年代後半から政策評価の手法として用いられている。しかし、環境経営の評価において環境価値評価を適用する実証研究が開始されたのは2000年代に入ってからであり、海外でも実証研究は少ない状況が近年まで続いていた。

そうした中で、国内では世界的に見ても最も早くから環境経営の評価に環境価値評価を適用する実証研究が開始されていた。環境経営を評価するためには、企業の環境負荷を物量的に評価し、環境対策の効果を金銭単位で評価するとと

もに，評価結果を集計して報告することが必要である。ここで注意すべき点としては，物量評価，金銭評価，集計・報告の 3 つのステップはそれぞれ異なるアプローチが必要なことである。物量評価では，原料調達から廃棄までのプロセスにおける環境負荷物質の把握を行うため工学的アプローチが必要である。金銭評価では環境対策の効果を金銭単位で評価するため経済学アプローチが求められる。そして集計・報告の段階では環境対策のコストや効果の集計を行い，企業経営に反映するために会計学や経営学アプローチが不可欠である。このように，環境経営の評価は，工学，経済学，会計学，経営学などの様々な学問領域と関係しているため，個々の学問領域だけでは環境経営の評価は実現困難である。そこで，国内では，環境経営学，会計学，環境経済学，環境工学などの異分野の研究者が集まり，環境経営の評価に関する学際的な実証研究が進められてきた。また，経済産業省や環境省などの行政担当者や企業の環境対策部門の担当者との共同研究も進められ，実務レベルで使用可能な評価手法の開発が進められた。その結果，今日では多数の企業において環境経営を評価する手法が用いられるようになっている。

　本書は，環境経営の評価について，これまでの研究成果を展望するとともに，最新の研究動向を整理し，今後の課題を明らかにするものである。環境経営の評価には様々なものが含まれる。環境対策の効果を評価する場合に，個々の製品単位で評価することもあれば，企業単位で評価することもある。また消費者，投資家，従業員，地域住民など様々な観点から評価する必要がある。評価結果を使用する際にも，企業の経営者が経営判断の材料として企業内部で使用することもあれば，環境報告書として公表して広く社会に発信することを目的に使用することもある。環境経営の評価にはこのような多角的な特徴があることから，本書では，多角的な観点から実証研究を行うことで，環境経営の評価に関する研究がいかにして進展してきたかを示すとともに，最近の環境経営をめぐる新たな課題に対してどのように取り組むべきかを検討する。

　本書の構成は次頁以降のとおりである。

2 環境経営の評価手法

第2章では環境経営を評価するための手法について紹介する。第一に，原料調達から廃棄までの製品のライフサイクル全体で環境負荷を評価するライフサイクルアセスメント（LCA）を取り上げる。LCAは物量単位で環境負荷を把握するが，異なる環境負荷を統合化するためには，環境価値の金銭評価が必要である。第二に，企業の環境対策のコストと効果を比較する環境会計を取り上げる。環境対策のコストと比較するため環境対策の効果も金銭単位で評価する必要がある。第三に，環境の価値を金銭単位で評価する手法として環境価値評価を取り上げる。環境価値評価には様々な評価手法が存在するが，温暖化対策や生物多様性保全などの非利用価値を評価できる手法として仮想評価法（CVM）とコンジョイント分析が注目されている。そして最後にこれらの評価手法の今後の課題について検討する。

3 環境保全型製品の評価

第3章では消費者の視点から企業の環境経営を評価する。本章では，消費者が製品に求める環境対策を評価することで，環境保全型製品の評価を行う。環境保全型製品には通常の製品性能，環境対策，価格など様々な属性が含まれるため，製品全体の価値から環境対策の価値を抽出する必要がある。そこで，製品の価値を属性単位に分解して評価可能なコンジョイント分析が有効であると考えられる。本章では，代表的な環境保全型製品として住宅・自動車・ノートパソコン・テレビを取り上げて実証研究を行い，環境保全型製品の環境対策としての効果を分析する。

4 LCAと環境価値評価

第4章では，LCA（ライフサイクルアセスメント）に環境価値評価を適用することで企業の環境対策を統合的に評価する手法について扱う。LCAは原

料調達から廃棄までのすべてのプロセスの環境負荷を物量的に評価する手法である。企業の環境対策には温暖化対策，廃棄物対策，公害対策，絶滅危惧種対策など様々なものが含まれるが，これらの環境対策の効果は比較が難しいことも多い。たとえば，公害対策で人命を守ることと，絶滅危惧種対策で野生動物を守ることのどちらが重要かは，価値判断に基づくものであるためLCAによる物量評価では簡単には判断できない。そこで，LCAの分野では様々な環境対策の効果を金銭単位で評価することで，最終的に1つの指標として統合化する統合化指標の研究が進められてきた。本章では，国内で開発が進められてきた統合化指標LIMEを取り上げる。LIMEは環境価値評価手法であるコンジョイント分析を用いて企業の環境負荷を金銭単位で評価することで統合化を行う手法である。本章では初期のLIME 1 から最新のLIME 3 まで網羅的に取り上げる。

5　環境投資行動の評価

第5章では投資家の視点から環境経営を評価する。投資家は企業の財務状態などをもとに投資先を判断するが，環境問題に対する社会的関心が高まったことを背景に，近年は企業の環境対策も投資の判断に影響することが増えてきた。2006年に国連が提唱した「責任投資原則」（Principles for Responsible Investment: PRI）では，投資を行う際には，環境（Environmental），社会（Social），ガバナンス（Governance）の3つの課題に配慮することが求められている。この環境・社会・ガバナンスに配慮した投資はESG投資と呼ばれているが，ESG投資は近年，急速に増加傾向にある。そこで本章では，投資家を対象にコンジョイント分析による調査を行い，企業の環境対策が投資の意思決定に及ぼす効果を分析することで，投資家の視点から環境経営を評価する。

6　環境会計と環境評価

第6章では，環境会計への環境価値評価の応用可能性を検討する。環境会計とは，企業等の環境対策の費用と効果を計測し，両者を比較することで環境対

策の効率性を把握するものである。費用と比較するため，環境対策の効果も金額で評価する必要がある。しかも，環境対策の効果には，企業等の内部で生じる「内部効果」だけではなく，企業等の外部で生じる「外部効果」も存在する。たとえば，温暖化対策の効果は，省エネによる燃料費節約のように企業の利益に直結する内部効果だけではなく，温暖化による自然災害や生態系破壊を防止するなど企業外部で発生する外部効果が含まれる。外部効果は，その恩恵が企業等の外部で生じるため，企業内部のデータだけでは評価できない。そこで，本章では環境価値評価手法を用いて企業の環境対策の外部効果を評価することで，環境会計への応用可能性を検討する。

7　環境リスクの評価

　第7章では環境リスクの評価方法について扱う。企業の多くは環境リスクを抱えている。たとえば，汚染事故が発生すると工場の操業停止や地域住民への損害賠償などの損失が発生するため，企業はこうした環境リスクを事前に評価し，適切にリスク管理を行うことが求められている。本章では，環境リスクの評価方法と企業経営への応用可能性について検討する。環境リスクの概念整理を行うとともに，環境リスク評価への環境価値評価手法の適用可能性を検討する。具体的にはCVM（仮想評価法）を用いて死亡リスク対策の価値を評価した事例や，コンジョイント分析を用いて温暖化リスクと死亡リスクを評価した事例を紹介する。そして，これらの評価事例をもとに，企業経営における環境リスク評価の役割と今後の課題について検討する。

8　自然資本と環境経営

　第8章では，自然資本と環境経営の関係について扱う。世界的規模で生物多様性が急速に失われる中で，生物多様性保全における企業活動の役割に関心が集まっている。これまで，国内では森林や河川などの自然環境は無償で恵みを提供してくれるものと認識されることが一般的であった。しかし，今日では，むしろ自然環境を投資すべき自然資本としてとらえ，生態系サービスの恩恵を

享受するためには企業が積極的に自然環境に投資すべきであるという考え方が普及しつつある。このため，生物多様性保全における企業の役割についての議論が世界的に急速に進展している。だが，はたして国内の企業では，こうした海外の議論に十分対応できているのだろうか。本章では，海外および国内における生物多様性と企業に関するこれまでの議論を展望するとともに，生物多様性保全において企業が果たすべき役割と今後の課題について検討を行う。

（栗山浩一）

第 2 章

環境経営の評価手法

1 はじめに

　環境経営を実現するためには，企業の環境対策を適切に評価し，企業経営に反映することが不可欠である。本章では環境経営を評価するための手法について紹介する。第一に，原料調達から廃棄までの製品のライフサイクル全体で環境負荷を評価するライフサイクルアセスメント（LCA）を取り上げる。LCAは物量単位で環境負荷を把握するが，異なる環境負荷を統合化するためには，環境価値の金銭評価が必要である。第二に，企業の環境対策のコストと効果を比較する環境会計を取り上げる。環境対策のコストと比較するため環境対策の効果も金銭単位で評価する必要がある。第三に，環境の価値を金銭単位で評価する手法として環境価値評価を取り上げる。環境価値評価には様々な評価手法が存在するが，温暖化対策や生物多様性保全などの非利用価値を評価できる手法として仮想評価法（CVM）とコンジョイント分析が近年注目されている。そして最後にこれらの評価手法の今後の課題について検討する。

2 ライフサイクルアセスメント

　ライフサイクルアセスメント（Life Cycle Assessment: LCA）とは，製品やサービスから発生する環境負荷を原料調達から廃棄までのライフサイクル全体

で評価するものである（図表2-1）。LCAについては稲葉（2005），伊坪他（2007），伊坪・稲葉（2010）が詳しい。

■図表2-1　ライフサイクルアセスメント（LCA）

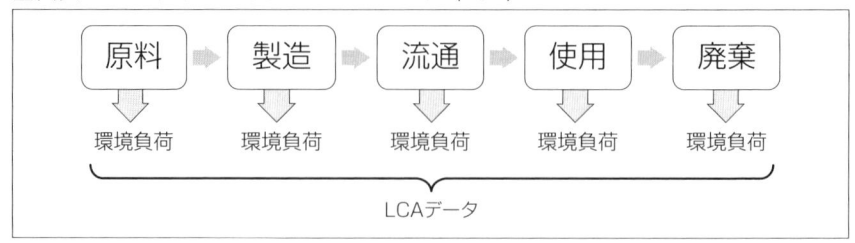

　たとえば，ペットボトルとビンの環境負荷を比較する場合を考えてみよう。ペットボトルとビンはいずれも製造時と廃棄時にエネルギーを使用するためCO_2が発生する。ペットボトルは1回使用すると廃棄されるが，ビンは回収して再利用することが可能なので，繰り返し利用することで排出量が削減可能である。ただし，ビンは重いので輸送時や回収時に発生するCO_2が増加する可能性がある。このように，製造・流通・廃棄という様々な段階で環境負荷が発生するため，ペットボトルとビンのどちらの環境負荷が高いかを判断することは容易ではない。

　そこで，製品の環境負荷を適切に把握するためには，原料調達→製造→流通→使用→廃棄・再利用という製品のライフサイクルのすべての段階で発生する環境負荷を評価する必要がある。LCAを実施するためには，個々のプロセスで発生する環境負荷をすべて足し合わせていく「積み上げ法」と，産業連関表をもとに各産業部門から排出された環境負荷を用いる「産業連関分析法」が用いられている。

　たとえば，自動車を増産したときの環境負荷をLCAで評価する場合を考えてみよう。「積み上げ法」では自動車の製造プロセスにおける環境負荷を調べる。自動車はエンジンやハンドルなど数万個の部品によって構成されるため，各部品を生産する段階で発生する環境負荷を計測する必要がある。各部品を生産するには，鉄・アルミニウム・石油などの原料を用いるため，各原料の調達時に発生する環境負荷を計測する。工場で自動車を製造する段階や工場から各

地に流通する段階では，エネルギーを使用することで排出されるCO_2などの環境負荷を計測する。消費者が自動車を使用する段階では，自動車から排出されるCO_2や大気汚染物質などの環境負荷を計測する。そして自動車を廃棄する段階では，廃車によって発生する廃棄物などの環境負荷を計測する。このように製品の各プロセスの環境負荷を計測し，これらを積み上げていくことで製品を増産したときの環境負荷を評価することができる。

　一方，「産業連関分析法」では，産業連関表を用いて自動車産業とその他の産業との相互作用を分析する。自動車を増産すると部品を生産する業者が影響を受け，さらに原料を生産する業者へと影響が波及する。産業連関分析を用いることで，様々な産業への影響を調べ，それをもとに産業全体における環境負荷の影響を計測することが可能となる。「産業連関分析法」では，個々の製造プロセスを調べる必要がなく，産業連関表のデータだけで環境負荷を分析できるという利点がある。ただし，産業連関分析は産業単位の評価となるので，個々の企業や製品単位で評価することは困難である。したがって，自動車産業全体を扱うときには産業連関分析法を用い，個々の自動車メーカーや各車種別に評価するときは積み上げ法を用いる必要がある。

　LCAを用いることで，製品のライフサイクル全体において，温室効果ガス，大気汚染物質，水質汚染物質，有害物質，廃棄物などの環境負荷がどれだけ発生しているのかを把握することが可能となる。また，ISO（国際標準化機構）による環境マネジメントの国際規格（ISO14000シリーズ）の中で，LCAに関するISO規格（ISO14040〜14043）が作成されており，LCAの評価手順や解釈方法に関する規格化が進められており，今日では多くの企業がLCAを導入している。

　だが，LCAを用いても判断が分かれるケースがある。たとえば，回収されたペットボトルを再生して新しいペットボトルを作る場合を考えよう。使用済みペットボトルをそのまま埋め立てれば，廃棄物が発生する。一方で，ペットボトルを再生すると，廃棄物の発生は防げるものの，回収段階や再生処理段階で多くのエネルギーを必要とするため，CO_2が発生する。つまり，片方では廃棄物問題が発生し，もう片方では温暖化問題が発生するが，廃棄物問題と温暖化問題は単純には比較できないため，環境負荷量のみではどちらが好ましいか

判断できない。

そこで，LCAによって評価された様々な環境負荷を1つの指標に統合する「統合化指標」の開発が進められている（伊坪・稲葉，2010）。温暖化問題，廃棄物問題，健康被害などの様々な環境負荷を統合化するためには，それぞれに対する重み付けが必要となる。この重み付けには，いわば温暖化問題と廃棄物問題のどちらが重要かという価値判断が必要なため，物量単位で環境負荷を計測するだけでは重み付けを決めることはできない。1つの方法としては，環境問題の専門家たちの意見をもとに重み付けを行う方法がある。たとえば，オランダで開発されたエコインディケータ99は，LCAの専門家が人間の健康，生態系の健全性，資源の3種類に対して重み付けを行い，それをもとに統合化を行っている。

もう1つの統合化の方法として，金銭評価による統合化がある。すべての環境負荷を金銭単位で評価すれば，1つの指標にまとめることが可能である。ヨーロッパで開発されたEPSやExternEはCVM（仮想評価法，後述）を用いて環境負荷の金銭評価を行い，環境負荷の被害額を合計することで統合化を行っている。また国内では，被害算定型環境影響評価手法（通称LIME）が開発されているが，LIMEはコンジョイント分析を用いることで環境負荷の統合化を行っている（詳細は第4章を参照）。

3　環境会計

「環境会計」とは，企業や自治体等が環境対策にかかったコストと効果を比較するものである。環境会計を導入することで，環境会計には，「内部環境会計」と「外部環境会計」の2種類が存在する。「内部環境会計」は，企業の経営者が，自社の環境対策活動の意思決定のために企業内部で環境会計を用いることを目的とするものである。一方，「外部環境会計」は，消費者や投資家などの企業外部に対して情報を開示することを目的としたものである。環境会計の詳細については國部（2000），栗山（2000a），國部他（2012）を参照されたい。

1999年に環境庁（当時）が「環境保全コストの把握及び公表に関するガイド

ライン」を公表したことから企業の環境会計への取り組みが急速に普及した。最初のガイドラインでは環境対策のコストの把握のみが対象となっていたが，2000年の改訂版では環境対策のコストと効果の両者が評価対象となった。

　環境省の環境会計ガイドラインでは，環境対策のコストは「事業エリア内コスト」「上・下流コスト」「管理活動コスト」「研究開発コスト」「社会活動コスト」「環境損傷対応コスト」「その他コスト」の7種類に分類されている（図表2-2）。

■図表2-2　環境会計ガイドライン（環境省）

コスト		効　果	
事業エリア内コスト	主たる事業活動により事業エリア内で生じる環境負荷を抑制するための環境保全コスト	実質的効果	環境対策によって得られる収益または費用節減のうち確実な根拠に基づいて算定されたもの
上・下流コスト	主たる事業活動に伴ってその上流または下流で生じる環境負荷を抑制するための環境保全コスト	推定的効果	環境対策によって得られる収益または費用節減のうち仮定的な計算に基づいて算定されたもの
管理活動コスト	管理活動における環境保全コスト		
研究開発コスト	研究開発活動における環境保全コスト		
社会活動コスト	社会活動における環境保全コスト		
環境損傷対応コスト	環境損傷に対応するコスト		
その他コスト	その他環境保全に関連するコスト		

注：環境省資料をもとに作成
出典：環境省『環境会計ガイドライン2005年版』平成17年2月

　一方，環境対策の効果は，環境負荷の削減量を物量単位で記載する「環境保全効果」と，金銭単位で記載する「経済効果」の2つによって構成されている。経済効果は「実質的効果」と「推定的効果」に分類される。「実質的効果」は，省エネによる燃料費削減や廃棄物対策による廃棄物処理費削減など，確実な根拠をもって金額で示された効果のことである。「推定的効果」は環境対策を

行ったことで汚染事故の損害賠償を回避する効果など，ある仮定の下で計算された効果のことである。「実質的効果」は計算が容易なので多くの企業が計上しているが，「推定的効果」は前提条件や計算方法により金額が影響を受けるため計上しない企業も存在する。

　環境会計ガイドラインに従って環境会計を実施することで，企業内部で発生するコストや効果を網羅的に把握することができるが，企業外部で発生する社会的効果を把握することは困難である。たとえば，温暖化対策の効果を計上する場合を考えてみよう。将来，地球温暖化が進展すると，洪水や渇水などの自然災害が多発し，深刻な農産物被害が発生することが予想されている。さらには多数の野生動植物が絶滅し，社会全体に深刻な被害が生じる可能性がある。近年，企業や自治体等に温暖化対策が求められているが，それは社会全体の被害を防止する役割が期待されているからであろう。ところが，こうした効果は，その恩恵が企業等の外部で生じる「外部効果」であり，したがって企業内部のデータだけで外部効果を計測することは困難である。

　現在の環境会計ガイドラインは企業内部のデータをもとにコストと効果を把握するアプローチを採用しているため，コストは網羅的に把握されているのに反して，効果は企業内部で発生する「内部効果」しか把握できず，企業外部で発生する「外部効果」を把握できないという問題がある。温暖化対策が社会に及ぼす効果などの「外部効果」を把握するためには，企業外部のデータを用いて温暖化対策の価値を金銭単位で評価することが不可欠である。そこで，環境価値評価の研究成果を環境会計に反映する研究が行われている（詳細は第6章を参照）。

4　環境価値評価とは

　環境価値評価は，市場価格の存在しない環境の価値を金銭単位で評価する手法である。環境価値評価手法の入門書には鷲田（1999）および栗山他（2013）がある。環境価値評価の理論についてはJohansson（1987），栗山（1998），Freeman et al.（2014）および栗山・庄子（2005）が詳しい。

　図表2-3は，環境価値評価で用いられる代表的な評価手法を示したもので

■図表２-３　代表的な環境評価手法の特徴

分類	顕示選好法			表明選好法	
	人々の行動を観察することで環境の価値を間接的に評価			人々に環境の価値を直接たずねることで環境の価値を評価	
名称	代替法	トラベルコスト法	ヘドニック法	CVM	コンジョイント分析
内容	評価対象に相当する私的財に置き換える費用をもとに評価。	対象地までの旅行費用をもとに評価。	環境が地代や賃金に与える影響をもとに評価。	環境変化に対する支払意思額や受入補償額をたずねることで評価。	複数の環境対策を提示し，その選好をたずねることで評価。
適用範囲	利用価値のみ。 水質改善，土砂流出防止などに限定。	利用価値のみ。 レクリエーション，景観など訪問に関わるものに限定。	利用価値のみ。 地域アメニティ，水質汚染，騒音，死亡リスクなどに限定。	利用価値および非利用価値。 レクリエーション，景観，水質汚染，大気汚染，死亡リスク，生態系など非常に幅広い。	利用価値および非利用価値。 レクリエーション，景観，水質汚染，大気汚染，死亡リスク，生態系など非常に幅広い。
利点	直感的にわかりやすい。	必要な情報が少ない。 旅行費用と訪問率などのみ。	情報入手コストが少ない。 地代，賃金などの市場データから得られる。	適用範囲が広い。 存在価値や遺産価値などの非利用価値も評価可能。	適用範囲が広い。 環境価値を属性単位で分解して評価したり代替案別に評価できる。
問題点	評価対象に相当する私的財が存在しない場合は評価できない。	適用範囲がレクリエーションに関係するものに限定される。	代理市場の存在しないものは評価できない。 代理市場が完全市場という仮定が必要。	アンケート調査の必要があるので情報入手コストが大きい。 バイアスの影響を受けやすい。	アンケート調査の必要があるので情報入手コストが大きい。 バイアスの影響を受けやすい。
環境経営評価への適用可能性	水質汚染や大気汚染などに適用可能。	景観改善，緑化対策などに適用可能	水質汚染，大気汚染，死亡リスクなどに適用可能	様々な環境負荷の金銭評価に適用可能。	様々な環境負荷の金銭評価に適用可能。

ある。環境価値評価は大別すると，環境が人々の経済行動に及ぼす影響をもとに間接的に環境の価値を評価する顕示選好法（Revealed Preferences: RP）と人々に環境の価値を直接たずねる表明選好法（Stated Preferences: SP）の2つがある。顕示選好法には，環境を別の市場財に置換するときの費用によって評価する「代替法」，旅行費用から観光地の価値を評価する「トラベルコスト法」，および環境が地代や賃金に及ぼす影響を用いて評価する「ヘドニック法」が含まれる。一方の表明選好法には支払意思額をたずねる「仮想評価法（CVM）」や，複数の代替案に対する好ましさをたずねる「コンジョイント分析」が含まれる。

　代替法（Replacement Cost Method）は，環境を市場財で置換するときの費用で環境の価値を評価する手法である。たとえば，水道水の水質が悪化したときの影響を評価する場合，その地域において浄水器やミネラルウォーターの購入がどれだけ増加したかを調べることで評価することが可能である。水質という環境財を浄水器やミネラルウォーターという市場財で置換可能ならば，市場財には価格が存在するので金銭評価が可能となる。しかし，置換可能な市場財が存在しないと，代替法による評価は不可能である。たとえば，希少種が絶滅したときの影響を考えると，絶滅してしまった生物を人工的に再生することは不可能であり，人工物で置換できないことから代替法による評価は不可能である。

　トラベルコスト法（Travel Cost Method）は観光地までの旅費を用いて訪問価値を評価する手法である（竹内，1999；Herriges and Kling, 1999；栗山・庄子，2005）。トラベルコスト法は，訪問行動という実際の行動データを用いているため評価額の信頼性が高く，国立公園や都市公園などの公園管理政策では多く用いられている。しかし，トラベルコスト法では訪問によって得られる価値以外は評価できないという欠点がある。たとえば，日本国内から熱帯林を訪れる人は少ないが，熱帯林を守りたいと考える人は多いであろう。しかし，トラベルコスト法で熱帯林の価値を評価すると，訪問者が少ないため熱帯林の価値は極めて低いという結果になる。

　ヘドニック法（Hedonic Method）は環境負荷が地価や賃金に及ぼす影響を分析することで環境の価値を評価する手法である（肥田野，1997）。たとえば，

大気汚染が悪化した地域の地価が低い傾向にあるならば，この影響を調べることで大気汚染の損失を金銭単位で評価できる。ヘドニック法は，環境属性と地価や賃金などの市場データのみで評価できるという利点がある。しかし，評価対象が地価や賃金などの代理市場に影響するものに限定されるため，地球環境問題の影響を評価することはできない。たとえば，温暖化問題の場合，地球的規模で影響が発生するため日本国内のどこに住んでいようと被害を回避することは難しく，温暖化の影響が地価に反映されるとは考えにくい。

仮想評価法（Contingent Valuation Method: CVM）は，環境変化に対する支払意思額や受入補償額をたずねることで環境の価値を評価する手法である（栗山，1997）。人々に環境の価値を直接たずねるため評価範囲が広く，景観，騒音，死亡リスク，大気汚染，水質汚染などの利用価値だけではなく，地球温暖化や生物多様性などの非利用価値も評価できる。ただし，アンケートを用いて評価するため，アンケート内容によって評価額が影響を受ける現象（バイアス）が発生しやすいという欠点がある。企業の環境対策には温暖化対策や生物多様性保全などの非利用価値が含まれるため，LCAや環境会計で環境対策の金銭換算を行う際にCVMが使われることが多い。

コンジョイント分析は，複数の環境対策の代替案を回答者に示し，代替案の好ましさをたずねることで環境の価値を属性単位に分解して評価する手法である（栗山，2000b）。たとえば，環境対策には，大気汚染対策，水質汚染対策，廃棄物対策，生態系保全対策などの様々な対策が含まれるが，コンジョイント分析を用いると，これらの個々の価値に分解して評価することができる。また，コンジョイント分析は，利用価値だけではなく非利用価値も評価できるという利点も持っているが，一方でCVMと同様にアンケートを用いることからバイアスによる影響を受けやすいという欠点も存在する。コンジョイント分析は最新の評価手法であるが，企業の環境対策の効果を分解して評価できることから環境経営の評価手法としての応用可能性が注目されている。

このように環境価値評価では様々な評価手法が開発されているが，ここでは実際にLCAや環境会計で使われているCVMとコンジョイント分析について詳しく紹介する。

5 CVM（仮想評価法）

　CVM（Contingent Valuation Method：仮想評価法）はアンケートを用いて環境変化に対する支払意思額または受入補償額を人々にたずねることで評価する手法である（栗山，1997）。CVMは「仮想評価法」などと訳されることが多いが，通称のCVMが使われることが多い。CVMは評価対象の範囲が広く，地球温暖化や生物多様性などの非利用価値も評価できることから，1990年代以後，環境経済学の分野で注目を集めた手法である。ここでは，CVMの理論的基礎について概説するが，詳細については栗山（1998）を参照されたい。

　CVMでは現在の環境の状態と変化後の環境の状態を示した上で，この環境変化に対して最大支払ってもかまわない金額（支払意思額，Willingness-to-pay: WTP），または少なくとも必要な補償額（受入補償額，Willingness-to-accept Compensation: WTA）をたずねることで環境の価値を計測する。具体的には以下のような質問を行う。

[環境が改善された場合]

環境改善に対する支払意思額　環境を現在のq_0からq_1に改善させる対策が計画中だとします。この対策を実施するためには，あなたは最大いくらまで支払っても構いませんか。

環境改善中止に対する受入補償額　環境を現在のq_0からq_1に改善させる対策が計画中だとします。この対策が中止されることになったとしたら，あなたはいくらの補償が必要ですか。

[環境が悪化した場合]

環境悪化阻止に対する支払意思額　環境を現在のq_0からq_1に悪化させる開発が計画中だとします。この計画を中止するためには，あなたは最大いくらまで支払っても構いませんか。

環境悪化に対する受入補償額　環境を現在のq_0からq_1に悪化させる開発が計画中だとします。この開発計画が実施された場合，開発以前と同じ状態に戻る

ためには，あなたはいくらの補償が必要ですか。

　図表2-4は支払意思額と受入補償額の関係を示すものである。縦軸は貨幣（x），横軸は環境水準（q），曲線は無差別曲線（u）である。人々は，貨幣と環境の両者から満足を得るが，経済学ではこの満足度のことを効用と呼ぶ。無差別曲線上では，どの組み合わせにおいても同じ効用（満足度）が得られる。環境が悪化すると効用が低下するので，それを補うためには貨幣を増やす必要がある。逆に環境が改善すると効用が上昇するので，その分だけ貨幣を減らすことができる。このため，無差別曲線は図のように右下がりの曲線となる。環境も貨幣も増えるほど効用が増加するので，右上の無差別曲線ほど効用が高い。

　現在の環境の状態をq_0とする。ここで環境対策が実施されて，現在の水準q_0からq_1へと改善されたとする。現在の所得がMとすると所得は変化しないので，この環境対策によって点Aから点Bへと移動する。これにより，効用水準は現在のu_0からu_1へと上昇する。このとき，図のBCだけ支払ったとすると，点Cへと移動するが，点Cは点Aと同じ無差別曲線にあるので，環境対策を実施する前と同じ効用が得られるので，環境対策にBCの金額を支払っても構わないと考えられる。つまり，この環境改善の支払意思額（WTP）は図のBCによって示される。

■図表2-4　支払意思額（WTP）と受入補償額（WTA）

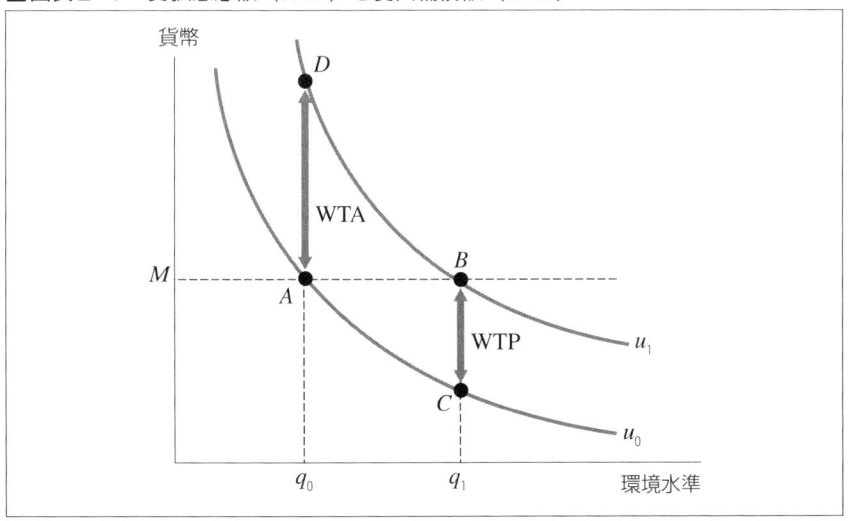

一方，環境対策が中止されて最初の環境水準q_0に戻ったとしよう。すると元の点Aへと戻り，効用水準はu_1から元のu_0へと低下する。このとき，図のADだけ補償額を受け取ったとすると点Dへと移動するが，点Dは点Bと同じ無差別曲線にあるので，環境対策が中止される前と同じ効用が得られるので，環境対策が中止されたことの代償として少なくともADの金額が必要であると考えられる。つまり，この環境改善が中止されたことに対する受入補償額（WTA）は図のADによって示される。

　このように，CVMは環境変化に対する支払意思額（WTP）または受入補償額（WTA）を回答者にたずねることで環境価値を金銭単位で評価する。環境が改善されるほど人々の効用が上昇し，それに対応して支払意思額（WTP）と受入補償額（WTA）も上昇する。このため，支払意思額（WTP）と受入補償額（WTA）はいずれも環境改善の効用変化を正しく測る尺度であり，環境経済学では環境の価値として妥当なものと考えられている。ただし，受入補償額（WTA）は，しばしば極端に高い金額になり，信頼性が低いことが経験的に知られている。たとえば，絶滅危惧種の価値を評価するために，開発によって野生動物が絶滅することの見返りにいくらの補償が必要かをたずねる場合を考えてみよう。野生動物の絶滅は人工的に回復できないので，いくらお金をもらっても絶滅すべきではないと考える人は多いだろう。この場合，受入補償額（WTA）は無限大になってしまう。一方，支払意思額（WTP）の場合，所得を超えて支払うことはできないので，極端に高い金額になることはなく，比較的安定した金額になることが多い。このため，ほとんどの実証研究では支払意思額（WTP）が使われている。

　支払意思額（WTP）をたずねる方法については，様々な質問形式が開発されている（図表2-5）。

　第一の質問形式は「自由回答形式」である。これは回答者に自由に金額を記入してもらうというシンプルなものである。自由回答形式では，多数の無回答が発生し，また有効回答であっても1,000円などの特定の金額に集中する傾向があり，信頼性が低いことが知られている。

　第二の質問形式は「付け値ゲーム形式」である。これはオークションのように金額を徐々に上げていき，これ以上は払えないというところで金額を決める

■図表2-5　CMVの質問形式

質問形式	質問例	特徴
自由回答	支払ってもかまわない金額を記入してください。 ＿＿＿＿＿＿円	無回答が多い。 特定の金額に集中。
付け値ゲーム	500円ではいかがですか。　　Yes 1,000円ではいかがですか。　　Yes … 5,000円ではいかがですか。　　No	郵送調査が使えない。 最初の金額が回答に影響。
支払カード	以下から金額を選択してください。 1．0円　2．100円　3．500円　4．1,000円 5．2,000円　…　　10．1万円以上	選択肢の金額の範囲が回答に影響。
二肢選択	X円を支払ってもかまいませんか。 はい　　いいえ	通常の商品選択行動に近い。 バイアスが少ない。

ものである。「付け値ゲーム形式」は調査員と回答者が対話する必要があるため，標準的な郵送方式のアンケートが使えない。また最初に提示する金額によって収束する金額が影響を受ける傾向（開始点バイアス）が存在することが知られている。

　第三の質問形式は「支払カード形式」である。これは0円，100円，200円，300円，……などの複数の選択肢の中から自分の支払意思額（WTP）に相当するものを選択してもらう方法である。選択肢で提示する金額が回答に影響することが知られているが，適切に選択肢を配置すれば信頼性の高い評価は可能である。

　第四の質問形式は「二肢選択形式」である。これは回答者にある金額を提示して，回答者はYesまたはNoのどちらかを回答するものである。二肢選択形式は製品価格を見たうえで購入するか否かという私的財の消費行動に近い質問形式であり，バイアスが比較的少ないことが知られており，近年は最もよく使われている質問形式である。ただし，二肢選択形式では提示額に対してYesまたはNoの回答から支払意思額（WTP）を統計的に推定する必要があるため，離散選択モデルと呼ばれる特殊な統計分析が必要である。CVMで使われる統計分析については栗山（1998），Haab and McConnell（2002）および栗山・庄子編（2005）が詳しい。

6 コンジョイント分析

コンジョイント分析（conjoint analysis）は，評価対象を複数の属性に分解し，属性単位で評価する手法である。コンジョイント分析は，もともとは計量心理学や市場調査の分野で発展してきた手法であるが，1990年代に入ってから環境経済学の分野でも研究が開始された。環境経済学におけるコンジョイント分析の研究については，栗山（2000b），栗山・庄子（2005），柘植他（2011）を参照されたい。

コンジョイント分析はCVMと同様にアンケート調査を用いる。しかし，CVMが評価対象全体の価値を評価するのに対して，コンジョイント分析は属性別に価値を分解して評価できるという利点を持っている（図表2-6）。たとえば，森林の価値には，木材生産，レクリエーション，水源保全，野生動物保護などの様々な価値が含まれるが，CVMではこれらの個々の価値を評価しようとすると，評価すべき価値の数だけ調査を繰り返す必要がある。これに対して，コンジョイント分析は評価対象の価値を属性単位に分解できるので，1回の調査でこれらの価値を同時に評価できる。しかも，CVMと同様に地球温暖化や生物多様性などの非利用価値も評価することが可能であるため，世界中の

■図表2-6　コンジョイント分析

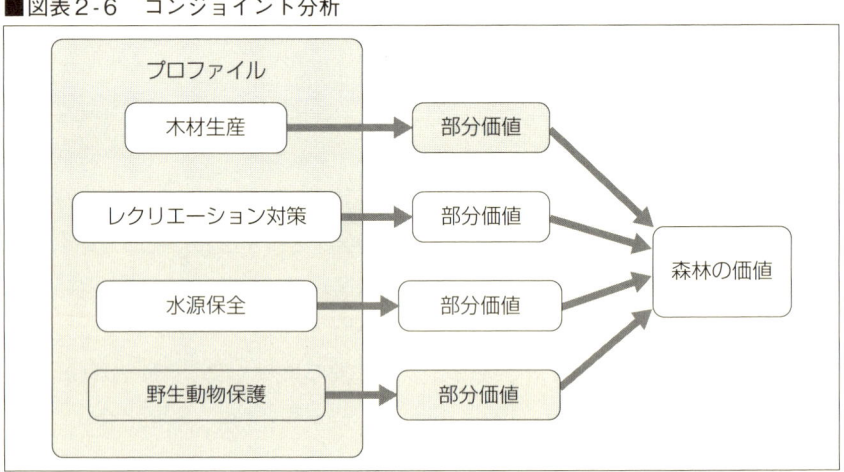

研究者がコンジョイント分析に注目している。

　コンジョイント分析では，プロファイルと呼ばれるカードが使われる。プロファイルとは，いくつかの属性によって構成された架空の商品もしくは架空の環境対策のことである。たとえば，製品の環境負荷を評価する場合を考えよう。製品の環境負荷には，CO_2排出量や廃棄物発生量などの項目が考えられるが，こうした環境負荷は属性と呼ばれる。そして各属性は様々な値をとるが，この値は水準と呼ばれる。たとえば，温暖化対策によってCO_2排出削減量が 5 g，10g，20g，40gという 4 種類の値をとる場合，これらの数値が水準である。各属性の様々な水準を組み合わせることで個々のプロファイルが作成される。たとえば，CO_2排出削減量10g，廃棄物削減量20gという組み合わせで 1 つのプロファイルが得られる。コンジョイント分析ではこのプロファイルを回答者に示して，プロファイルに対する好ましさを回答者にたずねる。回答者に示された各プロファイルの内容と回答結果との関係を統計的に分析することで，属性別に環境の価値を評価する。

　プロファイルの好ましさをたずねる方法として，コンジョイント分析ではいくつかの質問形式が開発されている（図表 2 - 7 ）。コンジョイント分析は，大別すると評定型コンジョイント（rating-based conjoint）と表明選択法（stated choice method）の 2 種類がある。

　評定型コンジョイントは，それぞれの商品の好みを点数で採点したり，望ましい順に商品を並び替えることで商品属性の価値を推定する。評定型には， 1 つのプロファイルを提示して選好をたずねる「完全プロファイル評定型（full profile rating）」， 2 つの対立するプロファイルを提示してどちらが好ましいかをたずねる「ペアワイズ評定型（pair-wise rating）」などがある。完全プロファイル評定型ではすべての属性を回答者に示す必要があるため，属性数が 7 を超えると回答者が混乱して評価が困難になる危険性がある。ペアワイズ評定型では，商品属性の一部のみを回答者に示し， 2 つの商品で同じ水準の属性を省略する「部分プロファイル」を使うことができるため，属性数が20を超える場合であっても推定が可能である。評定型コンジョイントでは，回答データは点数という数値データであるので，標準的な回帰分析により推定が行われる。また，個人単位で価値を評価することも容易である。なお，評定型コンジョイ

分類	評定型コンジョイント		表明選択	
名称	完全プロファイル評定型	ペイワイズ評定型	選択型実験	ベスト・ワースト・スケーリング
概要	各商品の好ましさを点数付ける。または好ましい順序に並び替える。	対立する2つの商品に対して，どちらがどのくらい好ましいかをたずねる。	複数の商品の中で最も好ましいものを選択。	属性または商品の中で最も好ましいものと最も好ましくないものを選択。
利点	統計分析が容易。個人単位で推定可能。	属性が多い場合でも推定可能。個人単位で推定可能。	通常の商品選択行動に近いので回答しやすい。	選択型実験よりも情報量が多いため少ないサンプル数で推定可能。
欠点	回答者の負担が重い。属性数が多いものには使えない。	回答者の負担が重い。設問形式が現実的ではない。	統計分析が複雑。個人単位で推定するためには高度な分析が必要。	統計分析が複雑。最も好ましくないものを選択するのは通常の商品選択とは異なる。

ントの調査例については第3章を参照されたい。

　一方の表明選択法は，点数付けするのではなくどれかを選択することで商品属性の価値を推定する（Louviere et al., 2000）。「選択型実験（choice experiments）」は複数の商品プロファイルの中から最も好ましいものを選択することで，商品属性の価値を推定する。選択型実験は，複数の商品から1つを選択するという，消費者が日常的に行っている商品選択行動と近い質問形式であり，回答しやすいという特徴を持つ。また，プロファイルの中に「どれも選ばない」という選択肢を入れることもできるという利点もある。ただし，回答データは，どれが最も好ましいかという選択データであり，通常の連続的な数値データとは異なるため，離散選択モデルと呼ばれる特殊な統計分析を必要とする。推定には専用の統計ソフトウェアが使われるが，サンプル全体の平均的な価値を評価することは比較的容易である。ただし，個人単位やグループ単位で価値を評価するためには階層ベイズ推定やEMアルゴリズムなどの高度な統計分析が必要である（柘植他，2011）。なお，選択型実験の調査例については第4章を参照されたい。

　「ベスト・ワースト・スケーリング（Best-Worst Scaling: BWS）」は個々の

属性や商品に対して最も好ましいものと最も好ましくないものを選択することで商品属性の価値を推定する。ベスト・ワースト・スケーリングには，個々の属性単位でたずねる形式1（オブジェクト型），個々の商品単位でたずねる形式2（プロファイル型），複数の標品単位でたずねる形式3（複数プロファイル型）の3種類がある（Louviere et al., 2015）。このうち，形式3は選択型実験の設問に最も好ましくないものを追加でたずねる形式であり，選択型実験よりも情報量が多いことから少ないサンプル数で効率的に推定が可能である。特にマーケティングリサーチにおいては個人単位で価値を推定することが求められるため，選択型実験よりも情報量の多いベスト・ワースト・スケーリングが注目を集めている。一方，最も好ましくないものを選択することは，通常の商品選択では行わないものであり，選択型実験よりも回答時間が長くなる傾向にあるため，回答者の負担が重いという欠点も存在する。

　図表2-8はコンジョイント分析を説明するものである。ここではCO_2排出削減と廃棄物排出削減の2つの属性を考える。図の縦軸はCO_2削減量，横軸は廃棄物削減量である。そしてプロファイルAとプロファイルBを回答者に示したとしよう。プロファイルAは（CO_2削減量，廃棄物削減量）＝（20g, 10g）であり，一方のプロファイルBは（CO_2削減量，廃棄物削減量）＝（10g,

■図表2-8　コンジョイント分析の経済モデル

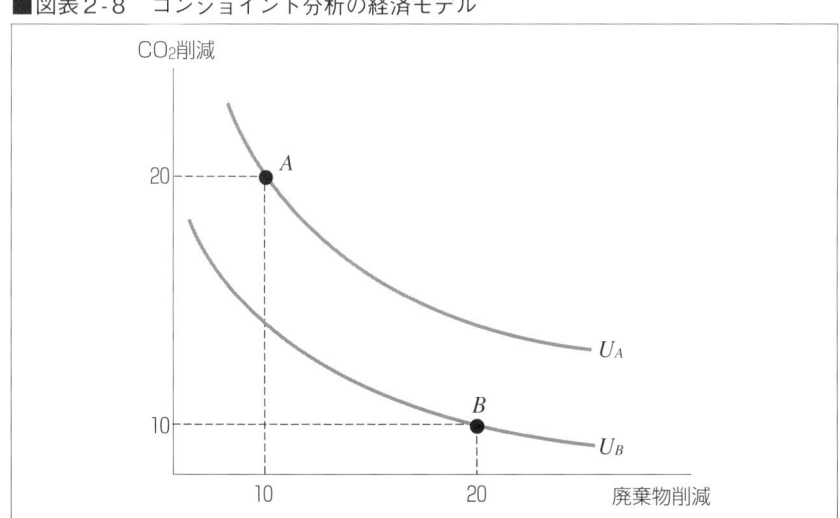

20g）であるとする。この2つのプロファイルは図の点Aと点Bに相当する。これらを回答者に示したとき，BよりAが好ましいと回答したとしよう。このとき，無差別曲線は図のような形状をとると考えられる。なぜなら，点Bを通る無差別曲線よりも点Aを通る無差別曲線が右上にあり，点Bの効用水準よりも点Aの効用水準が高くなることから，回答者は点Bよりも点Aを選択したと考えられるからである。同様にその他の様々なプロファイルを回答者に提示し，回答者がどれを選択したかを調べると，無差別曲線の形状を推定することが可能となる。無差別曲線の形状が推定できれば，CO_2削減量と廃棄物削減量のどちらをどのくらい重視しているのかを推定できるので，CO_2と廃棄物の価値の相対的なウェイトを計算することが可能となる。

　ここでは，CO_2と廃棄物の場合を考えたが，これにさらに金額属性を追加することもできる。たとえば，CO_2を20g削減し，廃棄物を10g削減した場合には製品価格が50円上昇するとしてプロファイルに金額属性を追加することができる。プロファイルに金額属性を追加すると，各環境負荷と金額との相対的なウェイトを計算できるので，各環境負荷の金銭評価が可能となる。

　コンジョイント分析の場合は，回答者に支払意思額（WTP）を直接たずねていないので，回答者に示されたプロファイルと回答との関係を統計的に処理することで支払意思額（WTP）を推定する必要がある。複数の代替案から1つを選択する「選択型実験」の質問形式の場合，ランダム効用モデルが用いられる。ランダム効用モデルでは，効用関数が観察可能な部分と誤差項によって構成され，効用が最も高い代替案が選択されると仮定する。このとき，各代替案が選択される確率を計算することで，効用関数を推定する。効用関数が推定されると，各属性のウェイトを求めることができるが，金額属性が入っているため，環境属性と金額属性との重み付けを利用して環境属性の金銭換算が可能となる。なお，コンジョイント分析の推定方法の詳細は，栗山（2000b）および栗山・庄子（2005）を参照されたい。

7　今後の課題

　本章では，環境経営を評価するための手法を紹介した。第一に，環境経営を評価するためには企業活動によって発生する環境負荷を把握する必要があるが，そのためには原料調達から廃棄までの製品全体のライフサイクルで環境負荷を把握するLCAが有効である。LCAでは環境負荷を物量単位で把握するが，様々な環境負荷を統合して評価するためには，どの環境問題をどのくらい重視するかという価値判断が不可欠であり，経済学的観点から環境負荷を評価することが必要である。

　第二に，企業などの環境対策を評価するための方法として環境対策のコストと効果を比較する環境会計が用いられている。環境対策のコストは企業内部で発生するものが大半のため企業内部の情報をもとに網羅的に把握することができる。これに対して，環境対策の効果は，企業外部で発生する社会的効果が大きいため，企業内部の情報だけでは環境対策の効果を把握することが難しい。そこで，企業の環境対策の効果を金銭単位で評価することが重要である。

　第三に，環境の価値を金銭単位で評価する環境価値評価では，様々な評価手法が開発されているが，その中で温暖化対策や生物多様性保全の価値を評価できるものとしてCVMとコンジョイント分析がある。CVMは環境変化に対する支払意思額や受入補償額をたずねることで環境の価値を金銭単位で評価する。一方，コンジョイント分析は，複数の代替案を回答者に提示することで，環境負荷の要因別に分解して評価する。いずれの手法もLCAや環境会計に適用されており，環境経営の評価手法として有効なものと考えられる。

　以上のことをふまえ，今後の課題について検討しよう。これまで示してきたように，LCAや環境会計と環境価値評価を組み合わせることで，環境負荷を単一指標に集約したり，環境対策の効果を金銭換算することが可能となる。しかし，環境経営の評価を実際に用いるためには，様々な課題が残されている。

　第一に，評価結果の信頼性を確保することである。企業の環境対策には温暖化対策や生物多様性保全などの非利用価値が含まれることから，CVMやコンジョイント分析などの表明選好法が必要とされるが，これらの手法はアンケー

ト調査を用いるため，調査票や調査手順に問題があると，それらが評価額に影響を及ぼす可能性がある。このような現象は「バイアス」と呼ばれている。これまでの実証研究の中で，CVMには図表2-9のように多数のバイアスが生じる可能性があることが知られている（Mitchell and Carson, 1989）。これまでの多数の研究蓄積により，バイアスを回避するための様々な方法が開発され，CVMやコンジョイント分析の信頼性は改善されているが，適切に調査を実施しなければ，信頼性が大幅に低下する危険性があることに十分に注意する必要がある。

第二に，評価額のデータベース構築と簡易的な評価手法の開発が必要である。環境価値評価は，海外では50年以上の研究蓄積があり，多数の実証研究によって得られた評価額のデータベース化が進められている。たとえば，代表的なデータベースEVRI（http://www.evri.ca）では2017年8月時点で4599件の実証研究が収集されており，評価対象や評価手法などにより検索が可能になっている。また，先行研究の評価結果を用いて評価を行う便益移転に関する研究も進められている。便益移転が可能になれば，各企業が個別にCVMやコンジョイント分析の調査を行わなくても，過去の評価額をもとに短期間に評価が可能となる。一方，国内では研究が本格的に開始されたのは1990年代に入ってからであり，近年は急速に研究が増えてきているが，国内の環境価値評価に関するデータベース構築は遅れている。このため，便益移転に用いるデータが不足しており，国内では便益移転の研究も進んでいない状況にある。今後は，国内においても評価結果のデータベース構築を進めるとともに，便益移転などの簡易的な評価手法の開発が必要であろう。

第三に，異分野の研究者と企業や自治体による共同研究体制の構築が必要である。LCAは環境工学，環境会計は環境経営学，そして環境価値評価は環境経済学という異なる学術分野で研究が進められてきたことから，LCA・環境会計と環境価値評価を組み合わせる実証研究には異分野の研究者による学際的な研究体制の構築が不可欠である。また，実証研究を行うためには企業や自治体のデータが不可欠であり，研究者だけで研究を進めることは不可能である。このため，異分野の研究者と企業や自治体による共同研究体制を構築することが必要であろう。

（栗山浩一）

■図表2-9　CVMのバイアス

ゆがんだ回答を行う誘因によるもの		
	戦略バイアス	環境財が供給されることは決まっているが，表明した金額に応じて課税額が決まるならば過小表明しようとする誘因が働く。逆に，課税額は一定だが，表明した金額に応じて環境財の供給が決まるならば過大表明する誘因が働く。
	追従バイアス	相手に喜ばれるような回答をしようとする。
	調査機関バイアス	回答者が調査機関にとって望ましい回答をしようとする。
	質問者バイアス	質問者が喜びそうな回答をしようとする。
評価の手がかりとなる情報によるもの		
	開始点バイアス	質問者が最初に提示した金額が回答に影響する。
	範囲バイアス	支払意志額の範囲を示すと，それが回答に影響する。
	関係バイアス	評価対象と他の財との関係を示すと，それが回答に影響する。
	重要性バイアス	質問内容が評価対象の重要性を暗示すると，それが回答に影響する。
	位置バイアス	質問順序が評価対象の価値の順序を暗示していると受け取る。
シナリオ伝達ミスによるもの		
	理論的伝達ミス	提示したシナリオが経済理論的あるいは政策的に妥当ではない。
	評価対象の伝達ミス	回答者の受け取った内容が質問者の意図したものとは異なる。
	シンボリック・バイアス	調査者が意図した財とは異なる何かシンボリックなものを回答する。
	部分全体バイアス	調査者の意図する財よりも大きい，あるいは小さい財について回答する。
	地理的部分全体バイアス	調査者の意図する財の地理的範囲よりも大きい，あるいは小さい範囲の財について回答する。
	便益部分全体バイアス	評価対象の便益の及ぶ範囲が，調査者の意図する範囲よりも大きいあるいは小さい。
	政策部分全体バイアス	調査者の意図した政策内容よりも包括的，あるいは部分的な政策内容について回答者が想定する。
	測度バイアス	評価測度が調査者の意図したものとは異なる。
	供給可能性バイアス	評価対象の供給可能性が調査者の意図したものとは異なる。
	状況伝達ミス	提示する仮想的市場の状況が調査者の意図するものとは異なる。
	支払手段バイアス	支払手段が調査者の意図とは異なって認識されたり，支払手段そのものが価値を持つ。
	所有権設定バイアス	評価対象の所有権が調査者の意図とは異なる。
	供給方法バイアス	評価対象の供給方法が調査者の意図とは異なって認識されたり，供給方法そのものが価値を持つ。
	予算制約バイアス	回答者が支払うと答えると，他の財を購入できる金額が低下することを，調査者の意図した通りに回答者に伝えられない。
	評価質問方法バイアス	評価対象が提供される代わりに現実に最大支払っても構わない金額を答えるという状況設定が適切に伝えられない。
	説明内容バイアス	評価対象を説明するために，事前に回答者に示す内容が回答に影響を与える。
	質問順序バイアス	複数の財をたずねると，前の質問に答えた金額にさらに支払うと回答者が想定する。
サンプル設計とサンプル実施バイアス		
	母集団選択バイアス	選択された母集団が，評価対象財の便益や費用が及ぶ範囲から見たときに不適切である。
	サンプル抽出枠バイアス	サンプル抽出に用いるデータ（住民台帳，電話帳など）が，母集団のすべてを反映していない。
	サンプル非回答バイアス	支払意思額を答えた回答者と答えていない回答者で統計的に有意な差がある。質問すべてを回答しない場合と，支払意思額の質問のみ回答しない場合がある。
	サンプル選択バイアス	評価対象についての関心が高いほど有効回答が高くなる傾向がある。
推量バイアス		
	時間選択バイアス	質問を行う時期によって評価額が影響を受ける。
	集計順序バイアス	
	地理的集計順序バイアス	地理的に離れている評価対象の支払意思額を不適切な順序でたずねて集計してしまう。
	複数財集計順序バイアス	複数の評価対象の支払意思額を不適切な順序でたずねて集計してしまう。

注：Mitchell, R. C., and R. T. Carson. Using Surveys to Value Public Goods: The Contingent Valuation Method, Resources for the Future（1989）をもとに作成

第3章

環境保全型製品の評価

1　はじめに

　本章では消費者の視点から企業の環境経営を評価する。環境保全型製品は，従来の標準的な製品よりも温暖化対策や廃棄物対策を行うことで環境に配慮した製品のことである。企業は環境保全型製品を販売することで，製品を通して環境保全に貢献することが可能となる。しかし，そのためには環境保全型製品が消費者に受け入れられて市場の中で高いシェアを確保する必要がある。いくら環境に配慮した製品を生産しても，それが売れなければ環境保全は実現不可能である。

　そこで，本章では，消費者が製品に求める環境対策を評価することで，環境保全型製品の評価を行う。第一に，環境保全型製品の特徴を検討する。環境保全型製品には，通常の製品性能，環境対策，価格など様々な属性が含まれる。たとえば，自動車の場合を考えると，排気量，燃費，リサイクル率，大気汚染対策，温暖化対策，価格など様々な属性が含まれるが，自動車の環境対策の価値を評価するためには，製品全体の価値から環境対策の価値を抽出する必要がある。第二に，環境保全型製品の価値を評価する手法について検討する。多くの属性によって構成される環境保全型製品の価値を評価するためには，製品の価値を属性単位に分解して評価可能なコンジョイント分析が有効であると考えられる。とりわけ，コンピュータを利用したコンジョイント分析は，対話型の

調査を行うことで各回答者に最適な設問を自動的に作成することが可能であり，多属性の製品を評価することが可能である。第三に，代表的な製品として住宅・自動車・ノートパソコン・テレビを取り上げて実証研究を行う。第四に，実証研究の推定結果をもとに環境保全型製品の市場予測を行い，環境対策の効果を分析する。そして最後に実証研究の成果を踏まえて，今後の課題を検討する。

2　環境保全型製品とは

　環境保全型製品とは，温暖化対策や廃棄物対策などの環境対策を行うことで環境に配慮した製品のことである。環境保全型製品は，従来の製品に比べて環境負荷が少ないことが求められるため，環境保全型製品を商品化するためには，まず製品の環境負荷を把握することが不可欠である。たとえば，省エネ製品の環境負荷について考えてみよう。省エネ製品は，製品を使用する段階では温室効果ガスの排出量が少ないが，省エネ技術を導入するため製品の製造段階では従来製品よりも多くのエネルギーを使うかもしれない。したがって，製品の環境負荷を把握するためには，製品の使用段階だけではなく，原料調達から廃棄までの製品のライフサイクル全体で環境負荷を計測する必要がある。

　また，環境保全型製品を商品化する際には，どのような環境負荷に対してどこまで配慮するかを検討することが重要である。環境配慮設計（Design for Environment: DfE）とは，製品が環境に及ぼす影響を定量的に把握し，環境負荷をできるだけ少なくなるように製品を設計することである。しかし，製品の環境負荷には様々なものがあり，しかも環境負荷を完全にゼロにすることは難しい。

　たとえば，水質汚染や大気汚染などの公害問題に関係する環境負荷については，十分に対策を取らなければ，工場の周辺住民の健康問題が発生する危険性があるため，少なくとも環境規制の水準を守ることが不可欠である。だが，温暖化対策や廃棄物対策については，企業の自主努力に任されており，どこまで対策を取るべきかを企業の経営者は判断しなければならない。対策を徹底するほど環境は守られるが，対策コストも増大する。対策コストと環境負荷の削減

効果を考慮しながら製品設計を検討することが必要である。

　また，環境対策には様々なトレードオフが存在する。たとえば，自動車の温暖化対策を重視して低燃費を実現しようとすると，加速性能などの本来の自動車の性能をある程度犠牲にしなければならないとしよう。このように環境対策と製品性能がトレードオフの関係にあるとき，どこまで製品性能を犠牲にして環境対策に取り組むのかを決定する必要がある。あるいは異なる環境対策間でトレードオフが発生することもある。たとえば，廃棄物を削減するために廃棄物を回収してリサイクルを行う場合，回収時や再生化にエネルギーを必要とするため温室効果ガスが増えてしまう可能性がある。このように，温暖化対策と廃棄物対策がトレードオフ関係になる場合，製品設計の担当者は，どちらの対策を優先すべきかという困難な意思決定が求められる。

　その際に，考慮しなければならないのは，消費者の視点である。環境保全型製品は，どれだけ環境に配慮されていたとしても，それが消費者に選択されなければ環境保全に貢献できない。たとえば，消費者が自動車に対して加速性能を重視しているときに，加速性能を犠牲にして温暖化対策を実現した自動車を商品化しても消費者は受け入れないであろう。あるいは，もしも消費者が地球温暖化問題を重視しているならば，温暖化対策よりも廃棄物対策を重視した製品設計を行っても消費者は敬遠するかもしれない。

　したがって，環境を配慮して製品設計を行う際には，消費者がどのような環境対策を求めているのかを事前に調査し，それをもとに消費者が求める対策を製品設計に反映することが重要である。

3　コンジョイント分析による評価

　環境保全型製品を商品化するためには，事前に消費者がどのような環境対策を製品に求めているのかを調査する必要がある。しかし，製品の販売実績を見るだけでは，消費者の環境保全型製品に対するニーズを調べることは困難である。たとえば，低燃費のエコカーの売れ行きが好調だとしても，低燃費であるほどCO_2排出量も少なくなるので，消費者は温室効果ガスの排出量が少ないことを重視したのか，それとも燃料代を節約できることを重視したのかを判別す

ることは困難である。

　環境保全型製品の消費者ニーズを分析するためには，環境保全型製品の持つ様々な機能の中から環境対策の価値を取り出して評価する必要がある。このため，製品の価値を属性単位に分解して評価可能なコンジョイント分析が必要となる。

　コンジョイント分析（conjoint analysis）とは，評価対象を属性単位に分解して価値を評価する手法のことである（栗山，2000）。コンジョイント分析は1960年代に計量心理学（Psychometrics）の分野で誕生し，その後はマーケティング・リサーチの分野で研究が進展した。マーケティング分野では，新商品の消費者ニーズや販売予測として多数の研究蓄積があり，今日では多くの調査会社がコンジョイント分析を導入している。その後，1990年代に入ってから環境経済学の分野に導入され，環境の価値を評価する手法として使われている。コンジョイント分析の歴史と環境経済学への応用例については鷲田他（1999）が詳しい。

　コンジョイント分析は，まず評価対象を複数の属性（attributes）によって表現する。たとえば，自動車に対する選好を評価する場合を考えると，自動車の属性には，排気量，燃費，大きさ，環境性能，価格などが含まれる。属性の中に温暖化対策や廃棄物対策などの環境属性を入れることができるので，環境保全型製品の評価が可能となる。各属性は様々な値をとるが，この値は水準（level）と呼ばれる。たとえば，排気量に1,000cc，1,300cc，1,500cc，2,000ccなどがあるが，これらの値が排気量の水準となる。各属性の水準を組み合わせることで仮想的な製品を構成するが，この仮想的な製品はプロファイルと呼ばれる。そして，このプロファイルに対する好ましさを消費者にたずね，提示された製品プロファイルと好ましさの関係を統計的に推定することで，属性単位に価値を分解する。これにより，環境保全型製品の環境属性の価値を金銭単位で評価することが可能となる。環境保全型製品を対象にコンジョイント分析を用いて評価した初期の研究には，栗山・石井（1999），鷲田（1999），栗山（2000）などがある。

　コンジョイント分析の手順は以下のとおりである。第一段階は，評価対象の属性と水準の設定である。属性数や水準数が増えすぎると，質問回数が増えて

回答者の負担が重くなるので，製品属性の中で特に消費者に影響すると思われる重要な属性を選定する必要がある。心理学の研究によると，人間は同時に6を超える情報を処理することが困難であることが知られていることから，同時に示す属性は6つが限界であると考えられている。属性数が6を超える場合は，一部の属性のみを取り出して回答者に示す部分プロファイルを使用する必要がある（栗山，1999）。

　第二段階は，プロファイルデザインである（Louviere et al., 2000）。製品の各属性と水準を組み合わせることで仮想的な製品プロファイルを設計する。このとき，慎重にプロファイルを設計しないと，推定に影響する危険性がある。たとえば，現実性を重視してプロファイル設計を行うと，排気量が大きい自動車ほど高い価格を設定することになるが，排気量と価格に相関が生じ，回答者が排気量と価格のどちらを重視して製品を選択しているのかの識別が困難となる。そこで，推定に影響しないように属性間の直交性を考慮した直交デザインが用いられる。直交デザインでは，属性間の相関がゼロであり，かつ各水準が均等に提示されるようにプロファイルが設計される。ただし，直交デザインでは，非現実的な組み合わせが生じることがある。たとえば，非常に高性能にもかかわらず価格が極端に安い自動車が示されることがある。そこで，特定の属性・水準の組み合わせを排除してプロファイルデザインを行うことも多い。

　また，プロファイルデザインを工夫すると少ないサンプル数で効率的に推定することが可能となる（Huber and Zwerina, 1996）。たとえば，ペアワイズ形式で自動車AとBを提示する場合を考えよう。自動車AはBに比べてすべての機能が優れており，かつ価格が安いとすると，すべての回答者はAの方が好ましいと回答することが自明であるため，このような設問を提示してもあまり意味がない。逆に2つの自動車の好ましさが同じぐらいで，どちらを選ぶかを悩むような場合，推定の効率性は高くなる。そこで，事前に各属性の好ましさを調べておいて，それをもとに各回答者に最適なプロファイルを提示することで効率的に推定することが可能となる。たとえば，Sawtooth Software社が開発したACA（Adaptive Conjoint Analysis）は，コンピュータを利用したアンケート調査によりコンジョイント分析を実施するための専用ソフトウェアであるが，前半で回答した内容をもとに，その回答者に最適なプロファイルを提示

することで推定の効率性を高めており，最大30属性×15水準まで扱うことができる。一方，ChoiceMetric社が開発したNgeneには，通常の郵送調査やWebアンケート調査などで少ないサンプル数で効率的に推定を行うためにD効率性基準を用いたプロファイルデザインを行う機能が搭載されており，多数の実証研究で用いられている。

第三段階は調査票設計である。コンジョイント分析はアンケートによってプロファイルに対する好ましさを回答者にたずねるので，標準的なアンケート調査と同様に調査票設計が必要となる。調査票設計に不備があると，回答者が誤認するなどによりバイアスが生じる危険がある（Mitchell and Carson, 1989）。このため，事前に小規模なプレテストを行うことが多い。特にコンジョイント分析の場合は，属性や水準を選定する際に，プレテストで回答者が重視する属性を調べておいて，本調査のプロファイルデザインに利用することが有用である。またコンジョイント分析では，単一のプロファイルに対する好ましさをたずねる完全プロファイル評定型，2つの対立するプロファイルを提示してどちらがどのくらい好ましいかをたずねるペアワイズ評定型，複数のプロファイルから最も好ましいものを選択する選択型実験，属性やプロファイルを提示して最も好ましいものと最も好ましくないものを選択するベスト・ワースト・スケーリングの質問形式が用いられている。それぞれ利点と欠点があることから，評価目的や評価対象の特徴を踏まえて質問形式を決める必要がある（詳細は第2章を参照）。

第四段階は調査実施である。通常のアンケート調査と同様に，郵送調査，訪問面接調査，Web調査などが使われる。またコンピュータを用いた対話型の調査を用いる場合は，会場調査を用いることもある。近年は，インターネットの普及が進み，Web調査に対応したコンジョイント分析専用ソフトウェアも登場していることから，コンジョイント分析でもネット調査が増えている。たとえば，前述のACAはWeb調査にも対応している。

第五段階は統計分析である。アンケート調査で得られたデータを対象に統計分析を行い，属性単位で価値の推定を行う。完全プロファイル評定型やペアワイズ評定型の場合は通常の最小二乗法による回帰分析が用いられることが多いが，複数の質問形式を併用する場合はトービットや順序プロビットなど特殊な

推定方法が使われる。選択型実験の場合は，条件付きロジットモデルが使われる。また，推定結果をもとに環境保全型製品の市場予測を行うこともできる。コンジョイント分析の統計分析については，付録『環境価値評価の理論と統計分析』を参照されたい。

4　プロファイルデザイン

　次に数種類の代表的な製品を対象に環境保全型製品の価値をコンジョイント分析により評価した実証研究を紹介する。対象製品は，代表的消費財でありかつ製品のライフサイクル全体での環境負荷データが得られるものを選択した。ここでは住宅，普通自動車，ノートパソコン，テレビの4種類を対象とした。なお，調査の際には各製品を製造している企業から協力を得た[1]。

　環境負荷に関するデータとしては，温暖化負荷と大気汚染負荷をとりあげた。環境負荷データは，製品の原料調達から廃棄までのライフサイクル全体に関するLCAデータを用いた（LCAの詳細については第4章を参照）。温暖化負荷については，CO_2（二酸化炭素）以外にもメタンやフロンなどの負荷物質もあるが，今回はCO_2負荷についてのみ取り上げることにした。大気汚染負荷についてはSO_2（二酸化硫黄）とNO_2（二酸化窒素）をとりあげ，それぞれのライフサイクル・インベントリーデータを健康項目に関する重み係数を用いて統合した（図表3-1）。

■図表3-1　大気汚染負荷の重み係数

SO_2 (SOx)	1.0（基準）
NO_2 (NOx)	1.39

注：日本エコライフセンター「環境への負荷評価に関する予備的検討」環境庁委託研究報告書，平成5年6月，p.25，大気環境基準を根拠に算出

　一般性能属性も含めた属性および水準は以下のとおりである。水準は調査時（1999年）における標準的な製品のスペックをもとに設定した。

1　ご協力いただいたそれぞれの企業の環境担当者は次の方々である。石田建一氏（積水ハウス株式会社），山戸昌子氏（トヨタ自動車株式会社），高山晴穂氏（富士通株式会社），大西宏氏（松下電器産業株式会社）。

(1) 住　宅
使用条件：40年耐用

光熱費　：平均世帯（3.75人）で算出

■図表3-2　住宅の属性・水準表

属性	水準1	水準2	水準3	水準4
工法	在来木造	2×4木造	鉄骨造	
光熱費（年間）	15万円	20万円	25万円	30万円
耐用年数	30年	50年	70年	100年
太陽エネルギー利用	なし	太陽熱利用	太陽光発電	太陽熱利用＋太陽光発電
VOC対策	非対応	F1E0	天然素材	
温暖化CO_2 t／年	3	5	7	9
SOx kg／年	3	5	7	10
NOx kg／年	6	10	15	18
大気汚染 kg／年	10 (11.34)	20 (18.9)	30 (27.85)	35 (35.02)
価格	2,500万円	2,800万円	3,000万円	3,500万円

(2)　自動車
自動車仕様：ガソリン乗用車，セダン，AT，2WD

使用条件　：10・15モード（排ガス基準：加速・低速・減速モードが10の組み合わせ，15の走行パターン時）で10年10万km走行

算出基準　：大気汚染は可能な限りSOxも入れ，抜けがあるものは推定値

■図表3-3　自動車の属性・水準表

属性	水準1	水準2	水準3	水準4
排気量	1000cc	1300cc	1500cc	2000cc
燃費（10・15モード）	20km/リットル	16km/リットル	14km/リットル	12km/リットル
リサイクル実行率	70%	75%	80%	
温暖化CO_2 kg／年	1,700	2,000	2,300	2,800
SOx kg／年	15.2	16.0	17.0	20.2
NOx kg／年	22.2	26.1	30.0	36.5
大気汚染 kg／年	30 (46.06)	45 (52.28)	60 (58.7)	75 (70.94)

価格（本体価格）	100万円	125万円	150万円	200万円

（3）　ノートパソコン

パソコン仕様：Ａ４型ノートパソコン，CD-ROM内蔵

使用条件　　：個人利用で１日平均２時間，耐用年数７年

価格基準　　：新機種に限定

環境負荷属性：水準３を標準として作成

　大気汚染については，現状を200とし，その他の水準の開きを大きくする方向で調整した（括弧内は，SOxとNOxに関する重み付けの単純和である）。

■図表3-4　ノートパソコンの属性・水準表

属性	水準1	水準2	水準3	水準4	水準5
CPU速度	266MHz	300MHz	333MHz	366MHz	400MHz
HDD容量（内蔵）	4.3GB	6.4GB	8.1GB	10GB	
重量	2kg	2.5kg	3kg	3.5kg	
ディスプレイサイズ	12型	13型	14型		
リサイクル可能率	50%	60%	70%	90%	
温暖化CO_2 kg／年	20	25	30	35	
SOx g／年	50	55	60	70	
NOx g／年	75	85	95	105	
大気汚染 g／年	100 (154.25)	150 (173.15)	200 (192.05)	250 (215.95)	
価格（実売）	15万円	20万円	30万円	40万円	

（4）　テレビ

テレビ仕様　：ブラウン管テレビ

使用条件　　：１日平均4.5時間視聴。平均視聴時間以外は待機利用（省エネ法による規定），耐用年数10年

通常属性　　：電気代は23円／KWh基準で算出

リサイクル可能率：家電リサイクル法でのリサイクル基準55％を水準１としている

環境負荷属性：水準３を標準として作成

■図表3-5　テレビの属性・水準表

属性	水準1	水準2	水準3	水準4
画面大きさ	20インチ	28インチ	32インチ	36インチ
追加メディア	なし	BS放送対応	BS放送対応 M-N内蔵	BS放送 文字放送対応 M-N内蔵
電気代（円/年）	2,500 (2829)	3,500 (3565)	4,000 (3887)	5,000 (4761)
リサイクル可能率	55%	60%	70%	90%
温暖化CO_2 kg／年	80 (79)	100 (104)	120 (117)	150 (151)
SOx g／年	70 (72)	100 (99)	120 (113)	150 (150)
NOx g／年	120 (116)	160 (158)	200 (182)	250 (242)
大気汚染 g／年	230g (233)	320g (319)	400g (366)	500g (486)
価格（実売）	5万円	10万円	20万円	30万円

5　調査概要

(1)　コンジョイント設問の概要

　コンジョイント分析の質問形式には，完全プロファイル評定型，ペアワイズ評定型，選択型実験，ベスト・ワースト・スケーリングなどの質問形式が開発されている（詳細は第2章を参照）。環境保全型製品の場合は，上記のように属性数が多いため，質問紙による標準的な調査では対応できず，コンピュータを用いたコンジョイント調査が必要である。そこで，多属性を分析可能なACA（Sawtooth Software社）を用いた。ACAは，まず各属性の重要性をたずね，次にペアワイズ評定を行い，最後に完全プロファイル評定の設問で調整を行う（図表3-1）。重要性の設問をもとに，ペアワイズ設問では2つの対立プロファイルがトレードオフ関係になるように設問が自動的に作成される。そして，ペアワイズ評定型の回答結果をもとに，完全プロファイル評定型の設問が作成される。質問回数は，重要性は各属性につき1回，ペアワイズ評定は1

人につき25〜27回，完全プロファイル評定は1人につき4回行われる。

■図表3-1　ACAの設問例

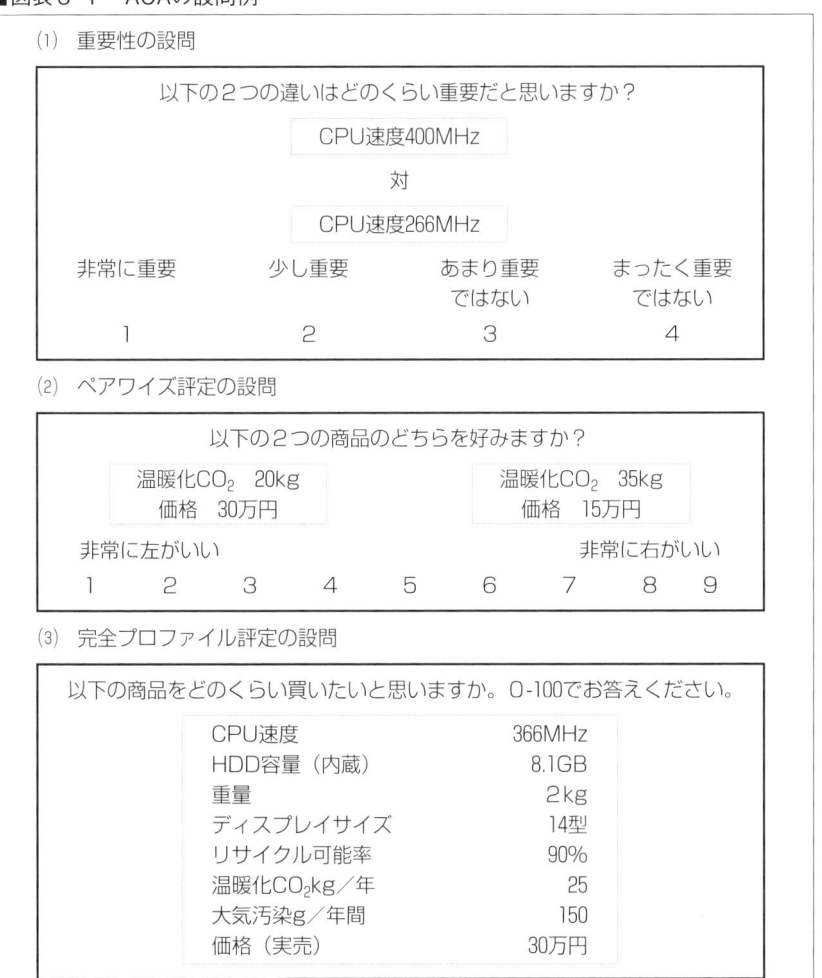

(1)　重要性の設問

以下の2つの違いはどのくらい重要だと思いますか？

CPU速度400MHz

対

CPU速度266MHz

非常に重要	少し重要	あまり重要 ではない	まったく重要 ではない
1	2	3	4

(2)　ペアワイズ評定の設問

以下の2つの商品のどちらを好みますか？

温暖化CO_2　20kg
価格　30万円　　温暖化CO_2　35kg
価格　15万円

非常に左がいい　　　　　　　　　　　　　　　　　非常に右がいい

1　　2　　3　　4　　5　　6　　7　　8　　9

(3)　完全プロファイル評定の設問

以下の商品をどのくらい買いたいと思いますか。0-100でお答えください。

CPU速度	366MHz
HDD容量（内蔵）	8.1GB
重量	2kg
ディスプレイサイズ	14型
リサイクル可能率	90%
温暖化CO_2kg／年	25
大気汚染g／年間	150
価格（実売）	30万円

(2)　アンケート調査

　アンケート調査は1999年12月6日（月）から9日（木）に実施された。東京西新宿に会場を設置し，周辺の街頭で回答者の候補者を抽出した。各商品の購入を実際に検討した消費者でなければ商品を適切に選択できない可能性がある

ことから，スクリーニングで条件を満たした候補者に対して会場内にてパソコンを使ったコンジョイント調査を行った。回答者のスクリーニング条件および回答者概要は図表3-6および図表3-7のとおりであった。

■図表3-6　回答者のスクリーニング条件

住宅	30歳以上男女 (1)5年以内に自宅を新築，増改築した (2)2年以内に住宅展示場を訪れた (3)今後の戸建新築，増改築を念頭に住まい設計雑誌を読んでいる 上記(1)〜(3)のいずれか1つを満たしている
自動車	22歳以上男女 自動車所有者かつ運転者
ノートパソコン	22歳以上男女 パソコン使用者
テレビ	22歳以上男女

■図表3-7　各製品別の回答者概要

	回答者総数	男性（平均年齢）	女性（平均年齢）	平均年収（万円）
住宅	100	53 (42)	47 (46)	853
自動車	101	65 (39)	36 (38)	801
ノートパソコン	101	50 (39)	51 (35)	715
テレビ	100	52 (39)	48 (39)	717

　図表3-8は，調査の流れを示している。スクリーニング条件を満たした回答者は，まず調査票1で当該商品の所有状況や購入意向などをたずねる。次に，当該商品の内容を詳しく解説したパンフレットを用意し，パンフレットを通読してもらう。このパンフレットには，通常の商品の性能に関する説明に加えて商品の環境負荷についても記載してある。その後，調査票2にてパンフレット記載内容の理解度を確認する。調査票2の回答が完了したら，コンピュータ調査によりACAのコンジョイント調査を実施する。コンジョイント調査は，各属性の重要性，ペアワイズ評定，完全プロファイル評定の3つによって構成される。コンピュータ調査が完了したら，最後に調査票3にて回答者の個人属性などをたずねる。

■図表3-8　調査の流れ

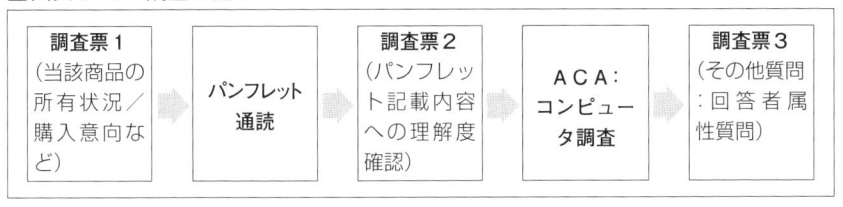

6　コンジョイント分析の推定結果

ACAによって得られたコンジョイント設問のデータを対象に統計分析を行った。ACAは各属性の重要性設問，ペアワイズ評定設問，そして完全プロファイル評定設問の3つのデータを作成する。ここでは，これらのすべてのデータを結合して推計する方法を用いた。推定方法の詳細は付録『環境価値評価の理論と統計分析』を参照されたい。

⑴　住　宅

住宅の推定結果は図表3-9のとおりである。2×4以外の属性はすべて1％水準で有意であった。符号は，光熱費，CO_2，大気汚染，価格はマイナス，それら以外はプラスであり，予想される符号条件は満たされていた。この推定結果をもとに各属性の1単位あたりの価値を金銭換算したものが限界支払意思額である（図表3-10）。住宅の場合，CO_2を1トン削減することの価値は208.5万円，そして大気汚染を1kg削減することの価値は56.06万円であった。

■図表3-9　推定結果（住宅）

	推定係数	単位	標準誤差	T値	P値
2×4	0.053722	在来木造比	0.030066	1.786806	0.074
鉄骨	0.110802	在来木造比	0.029556	3.748864	0.000
光熱費	−0.026701	万円	0.002455	−10.8771	0.000
耐久性	0.063751	10年	0.005502	11.58671	0.000
太陽熱利用	0.208056	なし比	0.039434	5.276107	0.000
太陽光発電	0.272639	なし比	0.038999	6.991002	0.000

太陽熱＋太陽光発電	0.399655	なし比	0.037567	10.63841	0.000
F1E0	0.250226	非対応比	0.03166	7.90357	0.000
天然	0.284105	非対応比	0.031853	8.919224	0.000
CO_2	−0.067278	トン	0.005988	−11.2348	0.000
大気汚染	−0.018092	kg	0.001427	−12.6777	0.000
価格	−0.322723	1000万円	0.036172	−8.92185	0.000

■図表3-10　限界支払意思額（住宅）

２×４	166.5	万円／在来木造比
鉄骨	343.3	万円／在来木造比
光熱費	82.74	万円／万円
耐久性	197.5	万円／10年
太陽熱利用	644.7	万円／なし比
太陽光発電	844.8	万円／なし比
太陽熱＋太陽光発電	1,238	万円／なし比
F1E0	775.4	万円／非対応比
天然	880.3	万円／非対応比
CO_2	208.5	万円／トン
大気汚染	56.06	万円／ｋg

（2）　自動車

　自動車の推定結果は図表3-11のとおりである。すべての属性が１％水準で有意であった。符号は，排気量，燃費，リサイクル率がプラス，CO_2，大気汚染，価格はマイナスであり，予想される符号条件は満たされていた。推定結果をもとに限界支払意思額を計算したところ図表3-12の結果が得られた。自動車の場合，CO_2を１トン削減することの価値は69.47万円，そして大気汚染を10kg削減することの価値は17.63万円であった。

■図表3-11　推定結果（自動車）

	推定係数	単位	標準誤差	T値	P値
排気量	0.182923	1,000CC	0.059509	3.073858	0.002
燃費	0.075658	km/リッドル	0.008009	9.447139	0.000
リサイクル率	0.459687	10%	0.055631	8.263148	0.000
CO_2	−0.536825	トン	0.056234	−9.54624	0.000

大気汚染	−0.136216	10kg	0.013951	−9.76415	0.000
価格	−0.772784	100万円	0.072597	−10.6449	0.000

■図表3-12　限界支払意思額（自動車）

排気量	23.67	万円／1000CC
燃費	9.79	万円/km/リットル
リサイクル率	59.48	万円／10%
CO_2	69.47	万円／トン
大気汚染	17.63	万円／10kg

(3)　ノートパソコン
・・

　ノートパソコンの推定結果は図表3-13のとおりである。すべての属性が1％水準で有意であった。符号は，重量，CO_2，大気汚染，価格はマイナス，それら以外はプラスであり，予想される符号条件は満たされていた。推定結果をもとに限界支払意思額を計算したところ図表3-13の結果が得られた。ノートパソコンの場合，CO_2を10kg削減することの価値は8.438万円，そして大気汚染を100g削減することの価値は8.259万円であった。

■図表3-13　推定結果（ノートパソコン）

	推定係数	単位	標準誤差	T値	P値
CPU速度	0.339738	100MHz	0.03945	8.611903	0.000
ハードディスク容量	0.080135	GB	0.008628	9.287789	0.000
重量	−0.346096	kg	0.030343	−11.4062	0.000
画面サイズ	0.188838	インチ	0.017798	10.61008	0.000
リサイクル率	0.0946	10%	0.011274	8.39104	0.000
CO_2	−0.299719	10kg	0.030795	−9.73262	0.000
大気汚染	−0.293383	100g	0.029727	−9.86914	0.000
価格	−0.355213	10万円	0.021803	−16.2917	0.000

■図表3-14　限界支払意思額（ノートパソコン）

CPU速度	9.564	万円／100MHz
ハードディスク容量	2.256	万円／GB
重量	9.743	万円／kg

画面サイズ	5.316	万円／インチ
リサイクル率	2.663	万円／10%
CO_2	8.438	万円／10kg
大気汚染	8.259	万円／100g

(4) テレビ

テレビの推定結果は図表3-15のとおりである。すべての属性が1％水準で有意であった。符号は，電気代，CO_2，大気汚染，価格はマイナス，それら以外はプラスであり，予想される符号条件は満たされていた。推定結果をもとに限界支払意思額を計算したところ図表3-16の結果が得られた。テレビの場合，CO_2を100kg削減することの価値は18.72万円，そして大気汚染を100g削減することの価値は5.41万円であった。

■図表3-15　推定結果（テレビ）

	推定係数	単位	標準誤差	T値	P値
画面サイズ	0.024121	インチ	0.003672	6.569723	0.000
BS対応	0.46612	非対応比	0.053592	8.697515	0.000
BS-MN対応	0.524139	非対応比	0.054507	9.616043	0.000
BS－MN－文字対応	0.51632	非対応比	0.043887	11.76478	0.000
電気代	−0.252789	1000円	0.013715	−18.4318	0.000
リサイクル率	0.137734	10%	0.012358	11.14501	0.000
CO_2	−0.794883	100kg	0.064791	−12.2684	0.000
大気汚染	−0.229711	100g	0.014101	−16.2906	0.000
価格	−0.042458	万円	0.002074	−20.4709	0.000

■図表3-16　限界支払意思額（テレビ）

サイズ	5.681	千円／インチ
BS	10.98	万円／非対応比
BS－MN	12.34	万円／非対応比
BS－MN－文字	12.16	万円／非対応比
電気代	5.954	万円／1,000円
リサイクル率	3.244	万円／10%
CO_2	18.72	万円／100kg
大気汚染	5.41	万円／100g

7　市場予測と環境保全効果

　次にコンジョイント分析によって得られた効用パラメータをもとに市場予測を行う。ここでは自動車を例に市場予測の結果を示す。まず，従来型のガソリン自動車として3種類の自動車を想定した（図表3-17）。ここでは排気量が大きいものほど燃費が悪く，CO_2排出量も増えるが，価格は上昇している。なお，リサイクル率と大気汚染はすべての自動車で共通とした。このとき，効用パラメータの推定結果をもとに各自動車の効用を計算すると，自動車Aが2.204，自動車Bが1.807，自動車Cが1.226となった。各自動車の効用をもとに販売予測を行うことができる。販売予測の計算方法は付録『環境価値評価の理論と統計分析』を参照されたい。推定結果をもとに販売予測を行ったところ，各自動車の販売台数は自動車Aが48.8%，自動車Bが32.8%，自動車Cが18.3%の比率となることが示された。

■図表3-17　ガソリン自動車の市場予測

属性	自動車A	自動車B	自動車C
排気量	1,000cc	1,300cc	1,500cc
燃費	18km/リットル	16km/リットル	12km/リットル
リサイクル率	80%	80%	80%
CO_2	2,300kg／年	2,500kg／年	2,800kg／年
大気汚染	60kg／年	60kg／年	60kg／年
価格	125万円	150万円	170万円
効用	2.204	1.807	1.226
市場シェア	48.8%	32.8%	18.3%

　ここで，ハイブリッド自動車が市場に導入された場合の販売台数を予測してみよう。図表3-18の自動車Dはハイブリッド自動車であり，他のガソリン自動車に比べて燃費が大幅に改善されている。またCO_2排出量も大幅に減少している。ただし，価格は他のものより高い。このようなハイブリッド自動車が導入されたときの販売台数を同様に予測すると，ハイブリッド自動車の市場シェアが66.6%と最大になる。この結果は，近年，ハイブリッド自動車の売れ行き

が好調であることを裏付けるものといえるだろう。

■図表3-18　ハイブリッド自動車導入の影響

属性	自動車A	自動車B	自動車C	自動車D
排気量	1,000cc	1,300cc	1,500cc	1,500cc
燃費	18km/リッドル	16km/リッドル	12km/リッドル	38km/リッドル
リサイクル率	80%	80%	80%	80%
CO_2	2,300kg／年	2,500kg／年	2,800kg／年	1,300kg／年
大気汚染	60kg／年	60kg／年	60kg／年	60kg／年
価格	125万円	150万円	170万円	220万円
効用	2.204	1.807	1.226	3.612
市場シェア	16.3%	11.0%	6.1%	66.6%

　ところで，ハイブリッド自動車の市場シェアが高い理由は，燃費が優れていることであろうか，それとも温暖化対策であろうか。一般に燃費が優れているほどCO_2排出量も少なくなるため，市場の販売データを分析しても燃費とCO_2排出量のどちらが重視されたのかを識別することは困難である。一方，コンジョイント分析では，属性単位で製品の価値を分解することができるため，燃費とCO_2排出量の価値を識別することが可能である。そこで，ここではハイブリッド自動車の代わりに，燃費は排気量が同水準のガソリン自動車Cと同じ水準だが，CO_2排出量のみハイブリッド自動車レベルの仮想的な自動車が導入された場合を考えてみよう。

　図表3-19は，このような仮想的な自動車D'が市場に投入されたときの販売予測を行ったものである。仮想的な自動車D'はハイブリッド自動車に比べると燃費が劣るため効用は1.644に止まっている。このため仮想的な自動車D'の市場シェアは66.6%から21.8%まで下がっている。しかし，仮想的な自動車D'は自動車Cと比べて50万円も価格が高いにもかかわらず，自動車Cよりも高い市場シェアを維持している。このことは，ハイブリッド自動車の高い市場シェアは，単に燃費が優れているだけではなく，温暖化対策の効果も大きく貢献していることを意味している。

■図表3-19　温暖化対策の影響予測

属性	自動車A	自動車B	自動車C	自動車D'
排気量	1,000cc	1,300cc	1,500cc	1,500cc
燃費	18km/リットル	16km/リットル	12km/リットル	12km/リットル
リサイクル率	80%	80%	80%	80%
CO_2	2,300kg／年	2,500kg／年	2,800kg／年	1,300kg／年
大気汚染	60kg／年	60kg／年	60kg／年	60kg／年
価格	125万円	150万円	170万円	220万円
効用	2.204	1.807	1.226	1.644
市場シェア	38.2%	25.7%	14.3%	21.8%

　なお，ここでは自動車を例に環境保全型製品の市場予測と環境対策の効果について分析を行ったが，住宅・ノートパソコン・テレビについても同様の分析を行うことが可能である。このように，コンジョイント分析は，環境保全型製品の価値を分解することで，環境対策の効果を明らかにすることができるのである。

8　今後の課題

　本章では，環境保全型製品の環境価値を評価する手法について検討するとともに，住宅・自動車・ノートパソコン・テレビの4種類の製品を対象に実証研究を行った。本章の分析から明らかになったことは以下のとおりである。

　第一に，環境保全型製品を評価する場合には，原料調達から廃棄までの製品のライフサイクル全体での環境負荷を把握するため，LCAによる分析が必要である。そして，消費者が環境保全型製品を選択するためには，LCAによって評価された環境負荷を消費者にわかりやすく伝えることが重要である。そこで，本章で行った実証分析では，製品を紹介するパンフレットの中にLCAにより評価された環境負荷を記載することで，消費者に製品の環境対策をわかりやすく伝える工夫を行った。

　第二に，環境保全型製品には，通常機能属性と環境属性が含まれるため，環境保全型製品の環境価値を把握するためには，コンジョイント分析が必要である。コンジョイント分析は，属性単位で価値を分解できるため，環境保全型製

品の環境価値を抽出することが可能である。とりわけ，環境保全型製品には，多数の属性が含まれるため，コンピュータを利用した対話型のコンジョイント調査が必要である。

第三に，実証研究では，住宅・自動車・ノートパソコン・テレビの4種類の製品を対象に統計分析を行ったが，いずれも環境属性は有意であった。つまり，これらの製品では，消費者は温暖化対策や大気汚染対策を考慮して製品を選択しているといえる。また，自動車を対象にハイブリッド自動車の市場分析を行ったところ，ハイブリッド自動車が高い市場シェアを確保できる理由は，燃費に優れているだけではなく，CO_2排出量が少ないことも影響していることが示された。

本章では，LCAとコンジョイント分析を組み合わせることで環境保全型製品の環境価値が評価可能であることを示したが，最後に残された課題について検討しよう。第一に，本研究では，住宅・自動車・ノートパソコン・テレビの4種類の製品を対象に評価を行ったが，これら以外の製品についても本章で提案された方法が適用可能かどうか検証する必要がある。コンジョイント分析は市場調査の分野では多数の研究実績があるものの，環境保全型製品を対象とした実証研究は少ない。今後は，様々な製品を対象に実証研究を行い，評価手法の洗練化を進める必要があるだろう。

第二に，大規模な調査により評価結果の信頼性を改善することである。環境保全型製品は多数の属性を持つことからコンピュータ調査が不可欠である。このため，本研究では会場型調査を利用したが，特定地域の少数の消費者を対象としているため，母集団の消費者を反映しているとは限らない。近年は，インターネットの普及率が高まっており，またインターネット調査に対応したコンジョイント分析のソフトウェアも登場していることから，インターネットを利用して大規模なコンジョイント調査を実施することが可能となっている。そこで，インターネットを利用した大規模な調査により本研究の結果を検証する必要があるだろう。

第三に，環境保全型製品の価値を適切に評価するためには，製品の環境情報を正確に消費者に伝える方法を開発する必要がある。本研究では，各製品のパンフレットの中でLCA環境負荷情報を記載することで，消費者にわかりやす

く環境情報を伝える工夫を行った。本研究で扱った環境保全型製品は，いずれも耐久財であり，パンフレットをもとに時間をかけて製品を比較検討した上で製品を選択する性質を持っているため，パンフレットによる情報提供が有効であった。しかし，食品や日用品のように店頭で短時間のうち商品を選択する場合には，パンフレットによる情報提供は困難である。そこで，環境ラベルのように短時間で環境情報を消費者に伝える方法を検討する必要がある。

　とりわけ，最後のLCA環境負荷情報を消費者に伝える方法の開発は，環境保全型製品の普及に重要な課題であると考えられる。そこで，次章では，LCAで評価される様々な環境負荷の情報を統合し，消費者や一般市民にわかりやすく伝えるための指標について検討を行う。

（鷲田豊明・國部克彦・栗山浩一）

第 4 章

LCAにおける環境価値評価

1 はじめに

　LCA（ライフサイクルアセスメント）が環境マネジメント構築に向けて有用なツールとして認識されて以来，これまでに多数の影響評価手法が提案されてきた（Schmidt-Bleek, 1993；BUWAL, 1997；伊坪・稲葉, 2010）。企業の製品設計側から見ると，対象とする製品が環境に及ぼす影響を示す情報は，多岐にわたる製品機能の一側面であるため，より簡易で明瞭であることが望ましい。この観点から，ライフサイクル影響評価（LCIA）の中でも，気候変動，大気汚染，水消費，資源枯渇などの多様な環境影響が単一の指標で表される統合化手法に対する注目が高まっている。

　環境変化により実際に影響を受ける人間や生態系などのエンドポイントの種類，また，汚染物質の排出からエンドポイントまでの影響のメカニズムは，環境問題の種類によって大きく異なる。そのような多様な環境影響を統合化して得られる単一指標は，⑴手法開発者が独自に設定する無次元の指標（たとえば，Eco-indicator'99（Goedkoop and Spriensma, 2000），Itsubo et al., 2000）か，⑵環境影響を経済評価して金額で表示するもの（たとえば，ExternE（External Costs of Energy）（EC, 1998）），NEEDS（New Energy Externalities Development for Sustainability, 2006），EPS（Environmental Priority Strategies）（Steen, 1999））かに分けられる。前者は，手法開発者の環境影響

に対する考え方を単一指標の定義に反映させられる柔軟性があり，比較的初期の統合化手法から提案されてきた。しかしながら，その柔軟さゆえに手法間で指標が意味するものが異なり，それぞれで得た値は手法間をまたいで直接比較することができない。これに対して後者は，評価結果として得られた値の信頼性には議論の余地があるものの，異なる手法間であっても評価結果は金額で示されるために，直接比較することができる。さらに，得られた結果は社会が負担しなくてはならない「外部コスト」と解釈でき，ライフサイクルコストとの比較や，環境会計への応用など，利用可能性も高い。

　このような環境影響を経済的に評価する手法は，まず，環境負荷の発生から各エンドポイントが受ける被害量を算出した上で，エンドポイント1単位（被害量）あたりの経済価値額を各々に乗じて足し合わせることで，環境影響を被害金額として算定する。各エンドポイント1単位あたりの経済価値額は，従来の多くの評価研究において，過去にCVM（仮想評価法）などから得られた支払意思額の結果を必要なエンドポイントに応じて複数の異なる文献から引用する形で利用されてきた。しかしながら，異なる条件下で得られた支払意思額は，経済的，文化的，社会的，年代，その他様々な条件から影響を受けるため，単純に足し合わせたものを比較することは，評価結果の一貫性に懸念が残る。

　本章で紹介する日本版被害算定型影響評価手法（LIME：Life Cycle Impact Assessment Method based on Endpoint Modeling，以下，LIME）では，コンジョイント分析を用いて，複数のエンドポイントを直接比較する。CVMが評価対象を全体効用として評価する手法であるために複数のエンドポイントを1つのモデルで同時に評価できないのに対し，コンジョイント分析は評価対象を構成する複数の部分効用間の重み付けを直接行った上で，エンドポイント別の経済価値を1つのモデルで同時に評価できる手法である。

　LCIAの一般的手順のガイドラインを記したISO14042（2000）では，LCIAの最終段階を「Weighting（重み付け）」として規定し，複数項目間の重要性を考慮した上で単一指標化することを明示している。そのようなISOの枠組みには，エンドポイント別に独立して環境価値額を評価したものを事後的に足し合わせて単一指標にするCVMのアプローチよりも，エンドポイント間の重み付けを直接行った結果を単一指標化に反映できるコンジョイント分析の方が整

合的だ。さらに，コンジョイント分析によれば，複数のエンドポイント間の重み付けの結果が得られるため，前述した無次元の指標も，経済指標の統合化指標と同時に算定できる。このような背景から，LIMEでは，LCIAの統合化プロセスでコンジョイント分析を適用し，各エンドポイントの被害量一単位を経済評価している。

2　日本版被害算定型影響評価手法（LIME）と研究の対象範囲

　LIMEは，経済産業省とNEDO（新エネルギー・産業技術総合開発機構）が1998年から開始したLCA国家プロジェクト（以下，LCAプロジェクト）で開発されたLCIA手法である。プロジェクトの目的は，産業界が信頼性の高いLCAをできるだけ簡便に実施できるためのデータベースを開発することであった（社団法人産業環境管理協会，2001）。LCAプロジェクトでは，日本版の影響評価手法の開発に向けた検討が行われ，日本で環境負荷が発生したときに誘起される環境影響量を，可能な限り高精度に，かつ，透明性を高く評価するための手法開発が行われた（Inaba et al., 2000）。

　LIMEの特長は，「特性化」・「被害評価」・「統合化」の3ステップを踏むことによって，地域の環境条件や環境思想を反映したLCIAを実施できることである。プロジェクトの最終結果は，①特性化，②被害評価，③統合化の3種のリストで開示される。①特性化では，気候変動や大気汚染など影響領域ごとに指標化して結果を示す。特性化は，自然科学的知見に基づいた評価であるために値の信頼性が高いが，項目数（LIME 3（世界版）では気候変動，大気汚染，光化学オキシダント，水消費，土地利用，化石燃料消費，鉱物資源消費，森林資源消費の8項目（LIME 2（国内版）では15項目））が多いために製品選択などの意思決定に直結させることは難しい。②被害評価では，人間健康や生物多様性のようなエンドポイントごとに被害量を指標化して集約するため，特性化よりも評価項目数（人間健康，社会資産，生物多様性，一次生長の4項目）は限定される。ただし，各エンドポイントの被害に集約するプロセスで仮定する関数モデルやパラメータが多くなるため，特性化よりも信頼性は劣る。③統

合化は，特性化されたミッドポイント，あるいは，被害評価されたエンドポイントについて，社会の価値判断で重み付けを行い，単一指標化するものである（LIMEでは4つのエンドポイントを重み付けて統合化する）。統合化によって単一指標が得られる一方で，人間と生態系の比較のようなエンドポイント間の価値判断が不可避的に導入される。被害評価は，このような価値判断を回避できるために統合化より信頼性が高いといえるが，他方で単一指標は得られない。

図表4-1に，LCAプロジェクトで採用したLCIA手法の枠組みと本研究の目的の範囲を示した。実施者にとってどのステップを選択することが望ましいかは，LCAの目的による。LCA実践の多様な目的に広範に対応できるよう，LIMEでは，上述の3種のリストをすべて公表している[1]。LIME研究で得られるこれらの知見は，被害量の評価結果から単一指標化を行うために必要な情報を提供する。1998年からのLCAプロジェクトで開発されたLIME 1，LIME 2を経て，2011年からは「最先端・次世代研究開発支援プログラム」に引き継がれ，日本の影響評価だけでなく，海外にまで範囲を拡大した影響評価を可能にするLIME 3が開発されている（Itsubo et al.（2015）；Murakami et al.（2017）；伊坪他（近刊予定））。LIME 3は，LIME 2と同様の評価アプローチを採用しているが，評価対象の地理的な範囲や，採用する影響領域の項目，結果の表し方などに違いがある。以下は，Itsubo et al.（2015），Murakami et al.（2017）および伊坪他（近刊予定）をもとに最新のLIME 3に基づいて述べる。LIME 2の詳細は伊坪・稲葉（2010）を適宜参照されたい。

3 LIMEの評価アプローチ

(1) コンジョイント分析の概要

コンジョイント分析は，複数の属性別に人々の選好を評価する手法の総称である（鷲田他，1999）。1960年代に心理学者ルースらによって構築され，その

---

1 LIME 1とLIME 2（日本版）では，3種のリストをすべて公表している。LIME 3（世界版）では，手法開発のニーズが特に高く，事例研究の活用頻度も高い被害評価と統合化の開発を優先したため，新たに公表されているのは被害係数リストと統合化係数リストのみである。

■図表4-1　統合化まで含めたLCIA手法の概念図

　問題比較型と被害算定型に分かれる。LIMEは被害算定型の影響評価手法であり，エンドポイントは，「人間の健康」「社会資産」に，「生物多様性」「一次生長」を加えた全4項目に設定している。

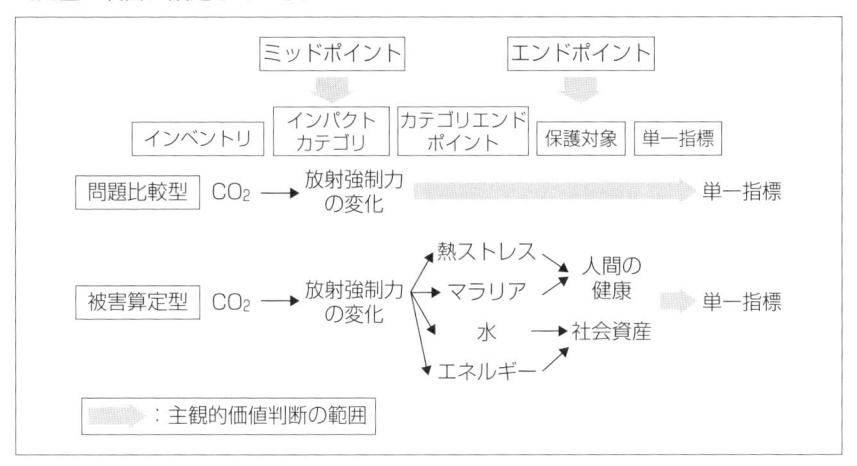

注：伊坪他（新刊予定）をもとに作成

後マーケティング分野で消費者選好の測定手法として発展した。たとえば，新製品の開発や新市場の開拓などの際に，事前のアンケート調査で収益性やマーケットシェアを予測するために用いられる（マーケティング分野でのコンジョイント分析の活用を包括的に研究した文献として，Louviere and Woodworth (1983)，Green and Srinivasan (1990)，Cattin and Wittink (1982)，Goldberg, Green and Wind (1982) などを参照されたい）。

　コンジョイント分析では，多属性で構成される商品等の選択肢をプロファイルで特定する。たとえば，自動車という商品は，排気量，搭載人数，最高速度，価格，スタイルなど，様々な属性を束ねたものとして定義できる。1500ccの排気量，5人乗り，最高速度200km，150万円，セダンというように，各属性の水準を特定することで複数パターンのプロファイル（自動車）を生成し，これらのプロファイルを回答者に示して評価をたずね，その回答から属性別の価値を推計する。CVMが評価対象や事象の総体（全体効用）を評価するのに対して，コンジョイント分析は属性別の価値（部分効用）を測ることができるとい

う点で両者の評価手法は大きく異なる。LIMEでは，予め被害評価で算定した複数のエンドポイントについて，その相対的な価値の測定にも重点を置くため，部分効用として価値評価できるコンジョイント分析を採用した。

コンジョイント分析は，質問の方法によって，評点型，順序型，選択型の3種類に大別されるが，LIMEでは選択型を採用している。評点型は，アンケート回答者が提示された選択肢のそれぞれについて評点を（たとえば主観的な購入確率やどの程度望ましいか等をパーセンテージやスケールで）回答するものである。順序型は，提示された選択肢に対して望ましい順に順位を回答するものである。選択型コンジョイントは，選択型実験とも呼ばれ，提示された複数の選択肢の中から最も望ましいものを回答者が1つ選択する手法である。評点型や順序型と比較して，現実の消費行動にも類似していることから回答者の負担が少なくバイアスの発生も少ない等の利点があるため，現在では最も多用されている形式である（Green et al., 1991；鷲田他，1999）。

また，心理学の観点から人間は6を越える情報を同時に処理することは困難であることが知られているため（Miller, 1956），選択型コンジョイントで扱える属性は最大で6である。LIMEで評価対象とする属性は，保護対象であるエンドポイント4項目に，経済評価のための税金を加えた全5項目であり，選択型コンジョイントの適用が可能だ。

LIMEにおける統合化の最終目標は，それぞれの保護対象（エンドポイント）の被害1単位を回避することに対する支払意思額（Willingness to pay，以下，WTP）を得ることである。LIMEでは，ランダムサンプリングによって抽出された評価者を代表する回答者を対象に選択型コンジョイントを含むアンケート調査を実施し，その回答結果を統計的に解析して各エンドポイントの部分効用を推定する。推定された部分効用から，4項目の相対的な重み付け（無次元の統合化指標，Weighting Factor 1，以下，WF 1），および限界的なWTP（経済評価の統合化指標，Weighting Factor 2，以下，WF 2）を算定する。

LIME 3の調査の流れを図表4-2に示した。LIME 2では日本国民のみを対象としていたが，LIME 3では世界規模で広がるサプライチェーン評価への利用を念頭に，先進国と新興国を含むG20諸国すべてを対象とした。各国からランダムサンプリングによって回答者を抽出し，解析は国別に行った。国ごとに

推定されたWTPを基本に，先進国と新興国の比較から環境意識の違いを分析するとともに，各国の人口規模で調整したG20の統合化係数（代表値）をもとに世界規模のダメージコストを推定する。

■図表4-2　本調査のフロー

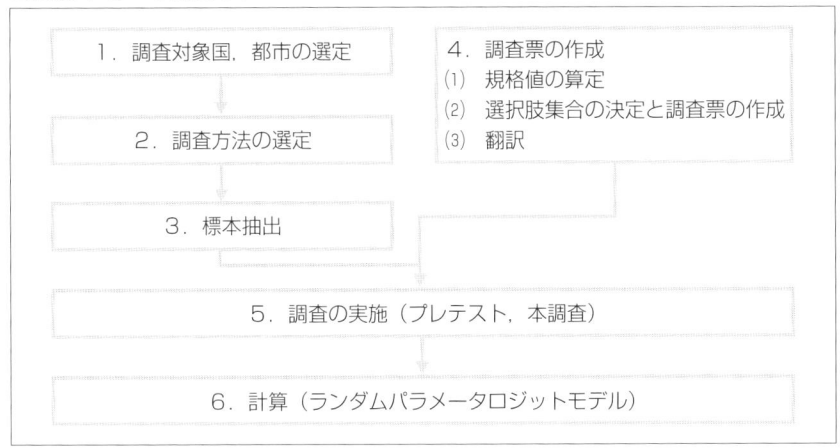

注：伊坪他（新刊予定）をもとに作成

(2)　推計モデル

　各エンドポイントに対する部分効用は，図表4-2の調査フローで示したような本調査から得られた選択型コンジョイントの回答データを統計的に解析することで推定できる。理論的に効用関数と推計モデルを特定した上で，最尤推定法を適用して各保護対象に関する選好強度（部分効用）を推定する。推定の結果，ｔ検定と尤度比検定を行って統計的に有意と認められた場合に，パラメータを用いて統合化係数を得る。LIMEでは，効用関数と推計モデルを以下のように特定する。

　選択型コンジョイントでは，回答者は，選択可能な選択肢（LIMEでは「対策1」「対策2」「対策をしない」（詳細は後述））の中から最も望ましい選択肢（環境対策の種類）を選択する。このような選択行動は，ランダム効用モデルで定式化できる。ランダム効用モデルでは，回答者nが選択肢iを選択して得られる効用U_{ni}を，調査者にとって観察可能な確定項V_{ni}と，調査者にとって観察

不可能なε_{ni}に分けて，式4.1のように定義する。ε_{ni}には，確定項に含まれないすべての情報（より直感的には，選択肢iの特性や回答者nの個人属性に関して調査者が知りえない情報の影響など）が含まれる。

$$U_{ni} = V_{ni} + \varepsilon_{ni} \cdots\cdots (4.1)$$

ここで効用の確定項Vは，属性aに対する回答者nの選好強度β_{na}と，選択肢を構成する各属性の水準x_{ai}との積和として，式4.2で定義される。

$$V_{ni} = \Sigma_a \, \beta_{na} \, x_{ai} \cdots\cdots (4.2)$$

LIMEにおいて，コンジョイント選択肢を構成する属性は，4つのエンドポイント（人間健康，社会資産，生物多様性，一次生産の損失（詳細は後述））とそれらの損失回避に要する税金の増分である。したがって，4つのエンドポイントを属性1〜4，税金の増分を属性pとすると，効用関数の確定項は式4.3で書き換えられる。なお，最後の項は定数項としてモデルに加えており，γは選択肢のうち「対策をしない（現状維持）」の時に1となるダミー変数，β_sは特に現状維持の状態に対する基本の選好強度を表す。

$$V_{ni} = \beta_{n1} \, x_{1i} + \beta_{n2} \, x_{2i} + \beta_{n3} \, x_{3i} + \beta_{n4} \, x_{4i} + \beta_p \, x_{pi} + \beta_s \gamma \cdots\cdots (4.3)$$

選択型コンジョイントの推計では，回答者は選択可能な選択肢の中から，最大の効用が得られる選択肢を選択すると仮定する。すなわち，回答者nが，選択可能な選択肢の集合$C = \{1, 2, \cdots, J\}$の中から選択肢iを選択する確率P_{ni}は，選択肢iを選択したときの効用U_{ni}が，その他の選択肢$j (j \neq i)$を選択したときの効用U_{nj}よりも高くなる確率とみなせるので，式4.4のように表現できる。

$$P_{ni} = \mathrm{Pr}\ [U_{ni} > U_{nj},\ \forall j \in C, j \neq i]$$
$$= \mathrm{Pr}\ [V_{ni} - V_{nj} > \varepsilon_{nj} - \varepsilon_{ni},\ \forall j \in C, j \neq i] \cdots\cdots (4.4)$$

誤差項ε_{ni}とε_{nj}の分布を第一種極値分布に特定すると，誤差項の差がロジスティック分布に従うため，確率P_{ni}が式4.5のようにロジットモデルで表すことができる（McFadden, 1974）。

$$P_{ni} = \frac{e^{\mu v_{ni}}}{\sum_{j \in c} e^{\mu v_{nj}}} \quad \text{(4.5)}$$

ただし，μ はスケールパラメータであり，LIMEでは一般的な仮定に則り1に基準化している。

ある回答者がJ個の選択肢の中から選択肢 i を選択する確率は，式4.3と式4.5を用いて，式4.6で表すことができる。簡素化のため，回答者を示すインデックス n を省略し，スケールパラメータを1として表記する。

$$P_i = \frac{\exp\left(\beta_1 x_{1i} + \beta_2 x_{2i} + \beta_3 x_{3i} + \beta_4 x_{4i} + \beta_p x_{pi} + \beta_s \gamma\right)}{\sum_{j \in c} \exp\left(\beta_1 x_{1j} + \beta_2 x_{2j} + \beta_3 x_{3j} + \beta_4 x_{4j} + \beta_p x_{pj} + \beta_s \gamma\right)} \quad \text{(4.6)}$$

本調査の回答データから，回答者がどのような選択肢集合の中から，どの選択肢を選択したかを把握することができるため，最尤推定法を用いて，実際の選択確率を最もよく表現する β を推定できる。

推定された β_p は所得の限界効用と呼ばれ，所得の1単位の増減が効用を変化させる度合いを示す値である。また，β_1 は，寿命が1日減少することが効用を変化させる度合いを示した値である。所得の減少（税金の支払い）は少ないほど望ましいはずなので，β_p の符号は負となることが予想される。寿命の減少（人間健康の損失）も少ないほど望ましいであろうから，β_1 の符号も負となることが予想される。このことから，寿命の減少を1日分回避するために追加的に支払ってもいいと考えられる貨幣額，すなわち限界支払意思額（marginal willingness to pay）$MWTP_1$ は式4.7のように表すことができる。

$$MWTP_1 = \frac{\beta_1}{\beta_p} \quad \text{(4.7)}$$

同様に，β_2 は社会資産が1単位（1USドル）減少することが効用を変化させる度合いを示した値，β_3 は生物種が1種絶滅することが効用を変化させる度合い，β_4 は一次生産が1億トン減少することが効用を変化させる度合いをそれぞれ示す値であり，符号はすべて負になることが予想される。各保護対象に対する1世帯当たり限界支払意思額 $MWTP_a$ は，式4.8となる。

$$MWTP_a = \frac{\beta_a}{\beta_p} \quad \text{(4.8)}$$

本研究では，式4.5および式4.6で定式化した選択確率を基本に，ランダムパラメータロジットモデルを用いて最尤法で推定を行う。式4.3の添え字nからわかるように，RPLは異なる回答者は異なる選好を持つという事実を組み込んでおり，推定すべき係数βに確率的な変動を仮定するモデルである。ランダムパラメータロジットモデルの詳細については，庄子・栗山（2005），Train（2009）などを参照されたい。

4　コンジョイント分析における調査票の作成

　調査票を作成するためには，まず，評価対象となる各保護対象（エンドポイント）の現状の被害量に関する定量的情報が必要である。その情報に基づいて，回答者に提示する選択肢のプロファイルを決定する。さらに，評価対象を理解するために回答者が事前に知っておくべき情報，回答データを解析する際に分析者が必要とする回答者の個人属性に関する質問を加えることでLIMEの調査票が完成する。

(1)　保護対象と被害指標の定義

　LCAプロジェクトインパクト評価研究会では，環境倫理の観点から保護対象の定義が検討された（産環協，2001）。その議論に基づき，LIMEでは，「人間の健康」「社会資産」「生物多様性」「一次生産」の4項目を保護対象として定義した（Itsubo and Inaba, 2000）。前二者は人間生活を営む上での構成要素として，後二者は生態系を保全するための構成要素として分類できる。

　コンジョイント分析を用いてこれらの保護対象を評価するためには，調査の過程で各保護対象の定量的な被害情報が回答者に提示されねばならない。LCAプロジェクトインパクト評価研究会では，環境負荷の発生から保護対象が受ける被害量までを関連づけるダメージ関数の開発も議論された。その議論に基づき，LIMEでは，各保護対象の被害量を適切に表す指標を以下のように定義する。まず，人間の健康影響を表す指標にはDALY（Disability Adjusted Life Year：障害調整生存年数）を採用した。社会資産の被害量を表す指標には損失コストを，生物多様性の被害量を表す指標にはEINES（Expected

Increase in Number of Extinct Species: 生物の絶滅種数期待値）を採用した。さらに，一次生産の被害量を表す指標にはNPP（Net Primary Productivity: 純一次生産力）を採用した。

　　人間の健康　　DALYは，早死による損失年数（Years of Life Lost: YLL）と障害生活期間（Years Lived with Disability: YLD）の総和を，年数に換算して表示する指標である。DALYは，世界全体での死亡や疾病による健康損失の総量（Global Burden of Disease: GBD）を定量化することを目的に，Murray and Lopez（1996）が世界銀行やWHOの協力を得て開発したものである。GBD研究の成果は，WHOの報告書に毎年掲載されるとともに，各国の医療政策にも大きく貢献している。LCIA研究においても，既にHoffstetter（1998），Goedkoop and Spriensma（2000）で利用されてきた。

　　社会資産　　社会資産の被害量を表す損失コストは，将来世代への影響を測るユーザーコスト（資源ストックの消耗分）として金額で算出される。ユーザーコストは，地下資源の採取から得られる毎期の収益の一部を別の資産に投資する場合に，当該資源の枯渇後にも同程度の所得を維持するために必要な投資額として定義され，市場価格と可採埋蔵量を考慮して算出される。この方法は，自然資源の枯渇による所得創出能力喪失の観点から，世界銀行のエコノミストであったEl Serafy（1989）によって開発されたもので，環境・経済統合勘定（グリーンGDP）の推定など，世界で広く利用されている。

　　生物多様性　　EINESは，気温変化や土地改変による生息地の変化などの環境変化がもたらす生物種の絶滅までの期間（生物種の平均余命）の減少を，期間の逆数の増分で記述し，生物種の絶滅リスクとして算出するもので，単位は種数で表される。生物多様性を評価する指標には，他に，NEX（絶滅への寄与度），PDF（消失種の割合），EDP（参照値に対する種数の比）など様々なものがあるが，LIMEでは，レッドデータブックを活用して絶滅までの平均時間を算定し，絶滅リスクの増分を算定するEINESの評価アプローチを採用している。

一次生産 NPPは，総一次生産量から植物の呼吸で消費される量を差し引いた純一次生産量であり，LIMEでは1年あたりの生産量（トン）で表される。NPPは，植物の生理生態的特徴，気候条件および土壌条件によって変化するため，たとえば，地球上の各気候帯に特徴的な生態系タイプのNPPは，砂漠・ツンドラでのゼロに近い値から，熱帯多雨林の約30トン/ha/年まで様々である。LIMEでは，土地改変によるNPPの低下や，土地改変後の回復期間中に低下する潜在的なNPPから，各地域の被害量を算出した。

(2) 規格値の算定—環境影響の現状水準

4つの保護対象の現状被害量は，ある一定期間に特定地域における環境負荷を通じて発生する環境影響量であり，LIMEではそれを「規格値（Normalization Value，以下，NV）」と定義した。規格値は，LCIAの正規化プロセスで利用する。正規化とは，複数の影響領域を対象とした特性化結果の相対的な比較に利用されるもので（ISO14040, 2006），一般に，被害評価（または特性化）の結果を，予め算定した保護対象（または影響領域）ごとの年間影響量で除して無次元化するプロセスである。LIMEで採用しているのは，被害評価の結果を保護対象の年間被害量で除すエンドポイントタイプの正規化であるため，規格値の算定は保護対象ごとに行う。規格値は，環境負荷物質ごとに得た年間の環境負荷量と，環境負荷1単位あたりの保護対象に対する被害係数の積の和により算定される。

LIME 3で算定された規格値は，世界全体の1年間の経済活動を通じて発生し得る潜在的な環境被害量である。規格値は，全世界と国際連合が分類する地域（アフリカ，アジア，中南米，北米，欧州，オセアニア）についてそれぞれ推定した。ただし，アジアには中国やインドが含まれ，他地域に比べて活動量が大きいため，東（東アジア，東南アジア），西（南アジア，西アジア）に分類し，全体で7地域にわけて評価した。

規格値の算定は，LIME 3で開発した被害係数（Damage Factor，以下，DF）に，各国の年間環境負荷量（Annual Environmental Loads，以下，AEL）を乗じ，これらの総和から求めた。被害係数は国ごと，物質ごと，影響領域ごとに算定される。

$$NV_{safe} = \sum_i \sum_c \sum_s \left(DF_{safe}(i, c, s) \times AEL(i, c, s) \right)$$

　　NV：保護対象safeの規格値（年間被害量）

　　DF：保護対象safeに対する影響領域 i，国 c における環境負荷物質
　　　　 s の被害係数（被害量/kg）

　　AEL：環境負荷物質 s の国 c，影響領域 i における年間環境負荷量
　　　　　（kg）

　DFには，インパクト評価研究会で算定されたダメージ関数（Damage Function）を利用した。ダメージ関数は，環境負荷物質の排出によって特定の影響態様を経て保護対象が受ける被害量を算定したものである。たとえば，二酸化炭素1単位の排出によるマラリア発生に伴う損失余命が相当する。ダメージ関数は被害態様ごとに算定されているので，ダメージ関数の総和が被害係数に相当する。年間排出量に関するデータは，地球温暖化などの影響領域ごとに分類した上でそれぞれの環境負荷物質ごとに算出した。

$$DF_{safe}(i, c, s) = \sum_t \left(Damage\ Function_{safe,\,t}(i, c, s) \right)$$

　　Damage Function $_{s,e,t}$：環境負荷物質 s による負荷1単位により，影
　　　　響態様 t を通じて保護対象safeが受ける国 c，影響領域iにおける被
　　　　害量（被害量/kg）

　図表4-3に，規格値の算定に含めた影響領域とカテゴリエンドポイントの関係を，保護対象ごとに示した。ここで示した影響領域以外は規格値の算定範囲外である。たとえば，化学物質の排出による健康影響や生物多様性への影響，酸性化による一次生産への影響は含めていないため，被害量を過小評価する要因となる。

　影響領域ごとに評価に含めた環境負荷物質とそのインベントリデータは，各国の1年当たりの経済活動に伴う環境負荷量である。影響領域ごとに利用したデータと本研究での利用方法を図表4-4に示した。

　これらの情報に基づいて，保護対象ごとに算定した規格値を図表4-5に示した。世界全体の年間被害量は，人間健康が7,900万年，社会資産が4,500億US＄，生物多様性は100種（維管束植物種），一次生産は180億トンと推定された。

保護対象	影響領域	カテゴリエンドポイント
人間健康	気候変動	下痢, 栄養不足, マラリア, 熱ストレス
	水資源消費	下痢, 栄養不足
	大気汚染	呼吸器系疾患
	光化学オゾン	呼吸器系疾患
社会資産	化石燃料消費	ユーザーコスト
	鉱物資源消費	ユーザーコスト
生物多様性	気候変動	維管束植物の絶滅
	土地利用	維管束植物の絶滅
	森林資源消費	維管束植物の絶滅
	化石燃料消費	維管束植物の絶滅
	鉱物資源消費	維管束植物の絶滅
一次生産	土地利用	陸域植物生長
	森林資源消費	陸域植物生長
	化石燃料消費	陸域植物生長
	鉱物資源消費	陸域植物生長

注：伊坪他（新刊予定）をもとに作成

影響領域別でみると，人間健康には大気汚染が，社会資産への影響には化石燃料消費が，生物多様性と一次生産への影響には土地利用による影響が最大であった。地域によってこれらの傾向は異なっている。規格値は，WHOや国連の報告書ともほぼ整合することを確認した。

(3) 属性・水準値の設定

　コンジョイント分析に用いるプロファイルをデザインするためには，環境影響量の現状水準（評価対象である各保護対象の規格値）に加えて，その現状から変化した場合の仮想的な水準を設定して比較対象とする必要がある。LIME3で採用した水準を図表4-6に示す。保護対象ごとに予め算定した規格値を現状水準（L1）として，環境影響を一定レベル（1/2, 1/4, 0）まで削減するシナリオをL2～L4のように設定した。また，4種類の保護対象に加えて，それらの被害量を削減するために必要となる直接・間接税の年間の増分を評価対象とした。このような貨幣属性を選択肢に含むことによって，調査で得られ

■図表4-4　本研究で利用したインベントリ項目とインベントリデータの情報源

影響領域	引用元	対象物質,土地利用形態	対象年次
気候変動	IPCC（2007）	CO_2, CH_4, N_2O, HFCs, PFCs, SF_6	2004
水資源消費	Chapagain（2004）, FAO	淡水水消費量	1997-2001
大気汚染，光化学オキシダント	Lamarque et al. 2010	黒色炭素，有機炭素，NOx, SO_2, VOCs	2000
土地利用（土地の改変）	FAOSTAT	耕作地，牧草地，放牧地，森林，その他	2005-2009
土地利用（土地の占有）	Haberl（2007）	人工地，耕作地，放牧地	2000
森林資源消費	FAOSTAT Forestry Trade Flows	チップ，丸太，おがくず，ベニア板，合板，パーティクルボード，パルプ	2009
鉱物資源消費/化石燃料消費	USGS Mineral Commodity Summaries（MCS）2011	Ag, Al, Au, B, Ba, Br, Ce, Co, Cr, Cu, Dy, Er, Eu, F, Fe, Gd, Ho, Hg, La, Li, Lu, Mg, Mn, Mo, Nb, Nd, Ni, P, Pb, Pd, Pr, Pt, Re, Sb, Si, Sm, Ta, Tb, Ti, Tl, Tm, U, V, W, Yb, Y, Zn, Zr, 石油, 石炭, 天然ガス, 砂利	2011

注：伊坪他（新刊予定）をもとに作成

■図表4-5　本研究において算定された規格値
　（世界全体における保護対象の年間被害量期待値）

影響領域,単位	人間健康	社会資産	生物多様性	一次生産
	DALY（年）	100万 US$	種	10億 ton
気候変動	2.1E+7	－	3.4E+1	－
大気汚染	3.4E+7	－	－	－
光化学オゾン	1.9E+6	－	－	－
水使用	2.2E+7	－	－	－
土地利用	－	－	5.2E+1	1.3E+1
化石燃料	－	2.9E+5	3.2E-1	1.5E-1
鉱物資源	－	1.6E+5	4.5E-2	2.6E+0
森林資源	－	－	1.6E+1	4.6E+0
規格値（世界全体）	7.9E+7	4.5E+5	1.0E+2	1.8E+1
規格値（1人当たり）	約4日	約60US$	－	－

注：伊坪他（新刊予定）およびMurakami et al.（2017）をもとに作成

た回答データから各保護対象に対するWTPを推計できる。税金の水準は，税金としての現実的な額を提示することを考慮して，1～3万円の水準を設定した。回答者に提示する税金と社会資産の金額は，現地の通貨に換算した上で，各国の調査員へのヒアリングに基づいて微調整を行った。貨幣の交換レートには，世界銀行が定期的に更新する購買力平価の数値を採用した。

　人間の健康と社会資産については，それぞれに関わる環境負荷物質の1年間の放出により，年間7900万年の健康被害量と年間4500億US＄の社会資産被害量を誘起するという算定結果を得た（図表4-5）。そのままの値を回答者が理解するのは極めて困難であるものと判断して，よりわかりやすい情報を提供するため，世界の人口で割ることで，1人当たりの損失年数（約4日）と損失コスト（約60US$）を得て，これを現状の被害量を表す基準値として示した。

⑷　シナリオの設定

　図表4-6に示した各保護対象の被害量と税金の水準を様々に組み合わせて，複数のプロファイルをデザインする。本研究では，最も一般的に利用されている直交配列法を採用した。直交配列法は，実験計画法の分野で開発された手法，

■図表4-6　選択肢集合を決定する際に利用した保護対象ごとの水準

	L1（現状）	L2	L3	L4
人間健康	現状維持 （1人当たり余命が毎年4日縮まる）	半分まで低減 （1人当たり余命が毎年2日縮まる）	4分の1まで低減 （1人当たり余命が毎年1日縮まる）	なし（環境影響による被害がゼロ）
社会資産	現状維持 （1人当たり毎年6,000円分を失う）	半分まで低減 （1人当たり毎年3,000円分を失う）	4分の1まで低減 （1人当たり毎年1,500円分を失う）	なし（環境影響による被害がゼロ）
生物多様性	現状維持 （毎年100種絶滅）	半分まで低減 （毎年50種絶滅）	4分の1まで低減 （毎年25種絶滅）	なし（環境影響による被害がゼロ）
一次生産	現状維持 （毎年200億トン失う）	半分まで低減 （毎年100億トン失う）	4分の1まで低減 （毎年50億トン失う）	なし（環境影響による被害がゼロ）
税金	追加支出なし	1万円/年を追加支出	2万円/年を追加支出	3万円/年を追加支出

注：伊坪他（新刊予定）およびMurakami et al.（2017）をもとに作成

で，直交配列に各属性の異なる水準を割り付けて選択肢を作成することでパターンを絞り，一定の情報を得るために必要な実験（質問）回数を効率的かつ大幅に削減する手法（一部実施法）である。また，選択型質問の出現順序を固定することによる順序効果を回避するために，異なる直交配列を用いて8パターンのプロファイル集合を作成し，いずれかのパターンを各回答者にランダムに割り当てた。

　1つのプロファイル集合は16個のプロファイルからなり，2個を1組として質問を作成した。さらにそれらを現状と常に比較できるように現状維持の選択肢をすべての質問に加え，図表4-7のような組み合わせで回答者に提示した。「対策A（Plan A）」と「対策B（Plan B）」はいくらかの環境税を支払って保護対象の被害量を一定量削減する仮想的状況，「対策なし（Plan C）」は追加的な税金の支払いがない代わりに保護対象の被害量は現状と変わらない状況を表している。このような3つの選択肢が回答者1人につき8通り与えられ，各回答者は三者択一問題を8回繰り返すことになる。なお，選択肢の提示にあたっては，回答者の理解を容易にするために，人間健康に関しては「健康の損失（Loss of health）」，社会資産に関しては「資源の損失（Loss of natural resources）」，生物多様性に関しては「生物種の損失（Loss of species）」，一次生産に関しては「森林の損失（Loss of forests）」と表記した。

(5)　調査票の完成

　決定したコンジョイント分析用の選択型質問を基本として，アンケート調査票を作成し，各調査対象国の使用言語に翻訳して利用した。日常の購買行動とは異なり，環境に関する価値判断は回答者にとって労力がかかることが多い。したがって，信頼性の高い調査結果を得るためには，回答者が無理なく質問の内容を理解できるような調査票を作成する必要がある。特にLIME3では，教育水準や環境問題に関する知識水準の異なる19カ国を対象に同一の調査票を用いて調査を実施するため，特定の地域の回答者だけを対象にした調査よりも慎重に調査票を作成する必要がある。調査では，各調査対象国の使用言語に一度翻訳した後，再度日本語に翻訳して調査票の伝わり方に問題がないかを確認する作業（バック・トランスレーション）も行った。誤解の生じそうな箇所につ

　３種類（Plan A〜C）の選択肢集合の中から最も好ましい集合を選ぶ。表中にある環境属性ごとに示したドットは環境影響の状態を視覚的に表すために用いた。現状の環境影響を黒丸100個，環境影響をすべて回避した場合を白丸100個で，半減の場合は黒丸50個・白丸50個で表される。回答者が質問に回答する前に，これらの表示形式を正しく理解しているか，予備的な質問を先に行っている。これにより誤解に基づく回答を回避することができる。

		PlanA	PlanB	No action (PlanC)
L O S S	Loss of health per person	Lose 4 days a year	No loss of life	Lose 4 days a year
	Loss of natural resources per person	Lose 15US$ a year	No loss of resources	Lose 60US$ a year
	Loss of species	100 species extinct a year	50 species extinct a year	100 species extinct a year
	Loss of forests	10 billion tons a year	20 billion tons a year	20 billion tons a year
T A X	Addnl, TAX (yearly per household)	Additional 100US$ yearly	Additional 200US$ yearly	No additional expenditure

注：伊坪他（新刊予定）およびMurakami et al.（2017）をもとに作成

いては，現地の状況に精通する翻訳家，通訳者，調査員等に直接確認しながら修正し，最終的な調査票を完成させた。

5　本調査および結果

　コンジョイント分析用のプロファイルを含めた質問票を利用して，図表4-8の要領で本調査を行った。本研究では調査員による面接調査とインターネッ

ト調査を併用した。まず，新興11カ国については，評価対象の誤解に基づく回答を極力回避するために，調査員による面接調査を採用した。プレテストでは，回答者が調査内容を十分理解できているか，言葉や説明が難しすぎないか等を検証した上で，基本の調査票を修正し，本調査を実施した。先進8カ国では，環境問題に関する事前の知識水準やインターネット普及率が高いことから，インターネット調査を採用した。プレテストでは，回答者が調査票を十分理解できているかを検証することに加えて，面接調査とインターネット調査を両方実施し，結果の差異が少ないことを確認した上で，本調査はインターネット調査で実施した。これにより，調査バイアスをなるべく抑えつつ，サンプル数の最大化をはかった。

　上記要領で実施した本調査から得られた回答結果を統計的に解析し，社会的選好を示す重み付け係数を推定する。分析には，ランダムパラメータロジット

■図表4-8　調査の実施手順

	プレテスト（第1回）	プレテスト（第2回）	プレテスト（第3回）	本調査
目的	世界評価の実施可能性を検討。途上国における調査試行。	ウェブ調査の試行と面接調査結果との整合性。各国の被害量の利用可能性。	G20全加盟国の調査試行。調査国間の関係比較。	重み付け係数の算定。
実施時期	2012年1月〜2月	2012年11月〜12月	2013年6月	2013年8月〜9月
調査国	5カ国日本，南アフリカ，中国，ケニア，ベトナム	4カ国アメリカ（web），日本（web,CLT），インド（RW），中国（CLT）	20カ国G8（web），G8を除くG20（CLT，RW，street intercept）	20カ国G8（web），G8を除くG20（CLT，RW，street intercept）
各国ごとのサンプル数，調査方法	50（CLT，RW）	50（CLT，RW），100（Web）	50（Web，CLT，RW，street intercept）	500 – 600（Web），200（CLT，RW，street intercept）

注：伊坪他（新刊予定）をもとに作成

　　CLT（Central Location Test）：面接調査の1つ。会場に調査対象者を入室させ，調査票の説明と
　　　回答を得る方法。
　　RW（Random Walk）：面接調査の1つ。特定の地域のなかで一定の規則に従って無作為に家庭
　　　を訪問する方法。
　　Web：インターネット調査。

モデルを採用し，検定を行った上で，環境属性の選好強度を図表4-9のとおり得た。

■図表4-9　本調査による評価結果

		サンプル数	LRI	選好強度（単位）				
				人間健康（1日/人/年）	社会資産（1US$/人/年）	生物多様性（1EINES/年）	一次生産（1億トン/年）	税金（1US$/世帯/年）
	G20	6183	0.47	-6.3E-01	-1.7E-02	-2.1E-02	-9.8E-03	-5.7E-03
	G8	4146	0.45	-5.5E-01	-1.3E-02	-2.5E-02	-1.1E-02	-7.0E-03
	G20（G8を除く）	2037	0.51	-8.1E-01	-2.5E-02	-1.5E-02	-7.8E-03	-3.8E-03
各国の結果	アメリカ	483	0.47	-6.8E-01	-7.1E-03	-2.1E-02	-9.9E-03	-2.2E-02
	カナダ	543	0.47	-6.7E-01	-2.3E-02	-2.2E-02	-1.1E-02	-9.8E-03
	オーストラリア	484	0.45	-4.7E-01	-1.7E-02	-2.7E-02	-1.0E-02	-7.7E-03
	ドイツ	509	0.46	-3.3E-01	-1.8E-02	-2.8E-02	-1.3E-02	-6.3E-03
	イギリス	515	0.50	-6.4E-01	-2.4E-02	-2.6E-02	-1.2E-02	-9.0E-03
	フランス	508	0.43	-5.1E-01	-1.7E-02	-2.2E-02	-1.1E-02	-5.9E-03
	日本	591	0.46	-3.9E-01	-2.1E-02	-2.5E-02	-1.3E-02	-1.1E-02
	イタリア	513	0.50	-7.0E-01	-1.5E-02	-2.4E-02	-1.1E-02	-4.1E-03
	韓国	184	0.42	-4.9E-01	-1.9E-02	-1.4E-02	-8.9E-03	-6.7E-03
	アルゼンチン	195	0.66	-1.1E+00	-5.1E-02	-1.2E-02	-7.5E-03	-1.2E-02
	サウジアラビア	200	0.92	-4.5E+00	-7.9E-02	-6.6E-02	-3.6E-02	-9.9E-03
	ロシア	177	0.40	-4.0E-01	-1.8E-02	-1.6E-02	-7.0E-03	-5.6E-03
	メキシコ	167	0.49	-5.6E-01	-2.9E-02	-1.5E-02	-8.4E-03	*-1.8E-04*
	トルコ	191	0.51	-7.5E-01	-3.5E-02	-2.2E-02	-9.1E-03	-2.5E-02
	ブラジル	182	0.39	-6.1E-01	-1.5E-02	-1.0E-02	-5.8E-03	-5.5E-03
	南アフリカ	179	0.46	-8.1E-01	-2.0E-02	-1.2E-02	-6.3E-03	-3.1E-02
	中国	199	0.53	-4.1E-01	-1.9E-02	-1.3E-02	-5.8E-03	-1.6E-02
	インドネシア	176	0.54	-6.3E-01	-1.6E-02	-6.9E-03	-7.2E-03	-2.3E-02
	インド	187	0.68	-9.0E-01	-3.3E-02	-1.9E-02	-1.0E-02	-2.4E-03

注：伊坪他（新刊予定）およびMurakami et al.（2017）をもとに作成

(1)　無次元の重み付け係数（WF1）

図表4-9の推計結果から，保護対象safe（4項目）に対する国cの無次元の相対的な重み付け係数（WF1（safe, c））は，式4.11によって算出できる。

$$WF1 \; (safe, c) \; = \frac{\beta_{safe, c} \times NV_{safe}}{\Sigma_{safe} \; (\beta_{safe, c} \times NV_{safe})}$$

（safe＝人間健康，社会資産，生物多様性，一次生産）••••••••••••••••(4.11)

c は国カテゴリー（G20，先進国，新興国，各国），NV_{safe}は図表4-5で算出

された各保護対象の規格値を示す。すなわち，無次元のWF1は，国カテゴリーごとに推定された各保護対象に対する限界効用$\beta_{safe, c}$に各規格値NV_{safe}を乗じた後，各保護対象に対するWF1の総和が1になるように正規化されたものである。式4.11を用いて算定したWF1の一覧を図表4-10に示す。

　図表4-11は，人間健康と社会資産のWF1の和（人間社会への被害に対する重み付け係数）が小さい順から図表4-10の結果を並べたものである。先進国はいずれも人間社会のWF1が小さく（0.5以下），生態系（生物多様性と一次生産のWF1の和）が大きい。他方，新興国はロシアを除いて生態系のWF1が小さく（0.5以下），人間社会のWF1が大きかった。その結果はG8のWF1とG8を除くG20のWF1にも表れている。

　欧州を対象にした無次元指標であるEcoindicator'99は，3項目の保護対象（人間健康，資源，生態系の質）について，階層主義，平等主義，個人主義の3タイプ（Cultural Theoryに基づく）に類型化した評価結果を示している。規格値がカバーする範囲（欧州のみの環境被害量）や評価者（専門家）など，LIMEとは異なる点が多いため単純な比較はできないが，3つの保護対象の概念は類似している。まず，人間健康の対象範囲はLIMEと同等である。Ecoindicator'99の「資源」は鉱物資源と化石燃料を対象としており，LIMEの「社会資産」に類似する。さらに，Ecoindicator'99の「生態系の質」は生物種のうち消失種の割合を指標化したものであるため，LIMEの「生物多様性」が相当する。図表4-12に，Ecoindicator'99で示された重み付け係数と，LIME3で得られた欧州諸国の結果を3つの保護対象を総体とする無次元指標として計算しなおした値を示した。Ecoindicator'99の人間健康，資源，生態系の重み付け係数は，階層主義では0.4：0.2：0.4，平等主義では0.3：0.2：0.5，個人主義は0.55：0.2：0.25である。LIME3の結果と比較すると，イギリス，フランス，イタリアの結果は階層主義，ドイツの結果は平等主義の重み付け係数に近いことがわかる。なお，Ecoindicator'99では，アンケート結果の平均値を階層主義の重み付け係数として利用しており，特出した思想がない限り階層主義の係数を利用することを推奨している。

G20（欧州連合を除く19カ国の算定結果），G8（先進国8カ国），G8を除くG20（新興国11カ国），G20各国の結果

		人間健康	社会資産	生物多様性	一次生産
G20（WF1$_{G20}$）		0.34	0.13	0.29	0.23
G8（WF1$_{G8}$）		0.30	0.10	0.34	0.26
G8を除くG20（WF1$_{G20excG8}$）		0.44	0.18	0.19	0.19
国ごとの算定結果	アメリカ（WF1$_{USA}$）	0.39	0.06	0.30	0.25
	カナダ（WF1$_{CAN}$）	0.33	0.16	0.27	0.23
	オーストラリア（WF1$_{AUS}$）	0.26	0.13	0.37	0.25
	ドイツ（WF1$_{DEU}$）	0.18	0.14	0.38	0.30
	イギリス（WF1$_{GBR}$）	0.30	0.15	0.30	0.25
	フランス（WF1$_{FRA}$）	0.29	0.13	0.32	0.27
	日本（WF1$_{JPN}$）	0.21	0.16	0.33	0.31
	イタリア（WF1$_{ITA}$）	0.35	0.11	0.30	0.24
	韓国（WF1$_{KOR}$）	0.33	0.18	0.23	0.26
	アルゼンチン（WF1$_{ARG}$）	0.44	0.30	0.13	0.14
	サウジアラビア（WF1$_{SAU}$）	*0.51*	*0.13*	*0.19*	*0.18*
	ロシア（WF1$_{RUS}$）	0.30	0.19	0.29	0.22
	メキシコ（WF1$_{MEX}$）	0.33	0.23	0.22	0.21
	トルコ（WF1$_{TUR}$）	0.34	0.23	0.25	0.18
	ブラジル（WF1$_{BRA}$）	0.46	0.16	0.19	0.19
	南アフリカ（WF1$_{ZAF}$）	0.49	0.17	0.18	0.17
	中国（WF1$_{CHN}$）	0.32	0.21	0.27	0.20
	インドネシア（WF1$_{IDN}$）	0.47	0.17	0.13	0.23
	インド（WF1$_{IND}$）	0.40	0.21	0.21	0.19

注：伊坪他（新刊予定）およびMurakami et al.（2017）をもとに作成

（2）　経済評価による重み付け係数（WF2）

　各保護対象safeに対する国 c の限界支払意思額$MWTP_{safe, c}$（marginal willingness to pay），すなわちWF2（safe, c）は，属性$safe$に対する選好強度β_{safe}と貨幣属性 p に対する選好強度β_pを用いて式4.12のように表される。WF2の算定結果は図表4-13に示した。

■図表4-11　各国およびG20，G8，G8を除くG20のWF1の結果

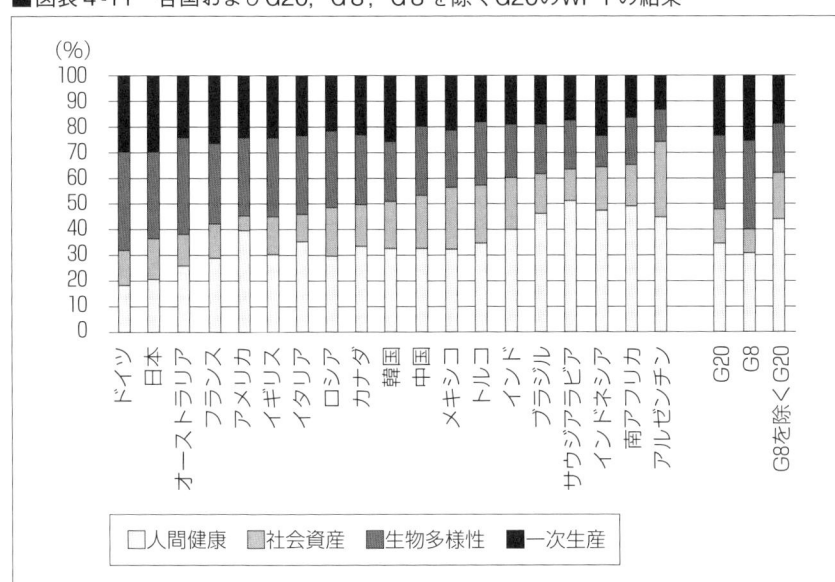

注：伊坪他（新刊予定）およびItsubo et al.（2015）をもとに作成
　　各国のWF1は人間社会（人間健康と社会資産のWF1の和）が小さい国から順に並べた。

■図表4-12　Ecoindicator'99とLIME3（欧州）の重み付け係数の比較

Ecoindicator'99 (Goedkoop and Spriensma 2000)				LIME3			
規格値の範囲：欧州				規格値の範囲：世界全体			
調査時期：1999年				調査時期：2013年			
評価者：専門家（全82件）				評価者：一般消費者（約500件／国）			
	階層主義者	平等主義者	個人主義者		イギリス	フランス	ドイツ	イタリア
人間健康	0.4	0.3	0.55	人間健康	0.40 (0.30)	0.39 (0.29)	0.26 (0.18)	0.46 (0.35)
資源	0.2	0.2	0.2	社会資産	0.20 (0.15)	0.18 (0.13)	0.20 (0.14)	0.14 (0.11)
生態系の質	0.4	0.5	0.25	生物多様性	0.40 (0.30)	0.43 (0.32)	0.54 (0.38)	0.40 (0.30)
－	－	－	－	一次生産	－ (0.25)	－ (0.27)	－ (0.3)	－ (0.24)

注：伊坪他（新刊予定）およびItsubo et al.（2015）をもとに作成
　　LIME3のWF1は，Ecoindicator'99に相当する3項目で修正した無次元指標。（　）内に図表4-10の結果と同様の値を示す。

$$WF2(safe, c) = MWTP_{safe, c} = \frac{\beta_{safe, c}}{\beta_{p, c}} \quad\text{\dotfill}(4.12)$$

　なお，調査票の理解を促すため，人間健康と社会資産は1人当たり，貨幣属性は世帯当たりの選好強度を採用したため，WF1とWF2の計算には単位調整のために世界人口と世帯数が必要になる。ここでは，世界銀行や国連で公開されている統計データから，世界人口を約70億人（7,052,000,000），世界の世帯数を約17億世帯（1,794,600,980）として計算した。

　WF2は，すべての保護対象について，所得水準（1人当たりGDP）が低いほど大きくなる傾向がみられた。この傾向は，先進国の高い平均寿命，技術による資源の代替可能性，生態系に対する認識，所得水準によって異なる貨幣に対する限界効用の大きさなどに起因するものと考えられる。

　図表4-13の重み付け係数（WF2）を利用すれば，LCIAでは以下のようにして統合化を行うことができ，統合化の結果を金額で表すことができる。LCI（ライフサイクルインベントリ）の結果は対象製品等のライフサイクルを通じて発生する環境負荷なので，以下の式により算定された統合化の結果は社会が支払うコストに相当する。この結果は，ライフサイクルコストと対比することで，内部費用と外部費用の和であるフルコスト評価に利用したり，企業における環境会計の評価，プロジェクト導入による費用便益分析などに利用できる。

$$I_2 = \sum_{safe} \sum_{s} Inv_s \times DF_{s,safe} \times WF2_{safe}$$

　　I_2：経済評価に基づく統合化結果（円）

　　Inv_s：環境負荷物質 s のライフサイクルインベントリ（kg）

　　$DF_{s, safe}$：保護対象safeに対する環境負荷物質 s の被害係数

　　　　（被害量/kg）

　　$WF2_{safe}$：保護対象safeの被害1単位を回避することに対する支払意思額（USD/被害単位量）

　さらに，WF2は各保護対象の被害量1単位当たりの経済価値額を表す値であるため，各保護対象への環境影響の経済価値は，規格値（現状被害量）とWF2の積で表すことができる。したがって，LIME3の結果と以下の式から，

■図表 4-13　重み付け係数（WF 2）の算定結果

保護対象の単位被害量を回避することに対する支払意思額（USドル/単位被害量）

保護対象	人間健康	社会資産	生物多様性	一次生産
単位	1 DALY	1 USD	1 EINES	1 億トン
G20	1.0.E+04	7.7.E-01	6.6.E+09	3.1.E+09
G8	7.3.E+03	4.7.E-01	6.3.E+09	2.8.E+09
G20（G8除く）	2.0.E+04	1.7.E+00	7.0.E+09	3.7.E+09
G20（人口規模で修正済み）	2.3.E+04	2.5.E+00	1.1.E+10	5.6.E+09
G8（人口規模で修正済み）	5.2.E+03	4.3.E-01	4.4.E+09	2.1.E+09
G20（G8除く）（人口規模で修正済み）	2.0.E+04	1.7.E+00	7.0.E+09	3.7.E+09
アメリカ	2.9.E+03	8.3.E-02	1.7.E+09	8.1.E+08
オーストラリア	5.7.E+03	5.6.E-01	6.4.E+09	2.4.E+09
ドイツ	4.9.E+03	7.4.E-01	8.0.E+09	3.6.E+09
カナダ	6.4.E+03	6.0.E-01	4.0.E+09	2.0.E+09
フランス	8.0.E+03	7.1.E-01	6.8.E+09	3.3.E+09
日本	3.3.E+03	4.9.E-01	4.1.E+09	2.2.E+09
イギリス	6.6.E+03	6.7.E-01	5.2.E+09	2.5.E+09
イタリア	1.6.E+04	9.5.E-01	1.1.E+10	4.8.E+09
韓国	6.8.E+03	7.4.E-01	3.7.E+09	2.4.E+09
アルゼンチン	8.4.E+04	1.1.E+01	1.9.E+10	1.1.E+10
サウジアラビア	4.2.E+04	2.0.E+00	1.2.E+10	6.6.E+09
ロシア	6.7.E+03	8.2.E-01	5.1.E+09	2.2.E+09
トルコ	2.8.E+04	3.6.E+00	1.6.E+10	6.6.E+09
ブラジル	1.0.E+04	7.1.E-01	3.4.E+09	1.9.E+09
南アフリカ	2.5.E+04	1.6.E+00	7.1.E+09	3.7.E+09
中国	2.4.E+04	3.0.E+00	1.5.E+10	6.5.E+09
インドネシア	2.5.E+04	1.8.E+00	5.3.E+09	5.5.E+09
インド	3.5.E+04	3.6.E+00	1.4.E+10	7.6.E+09

注：伊坪他（新刊予定）およびMurakami et al.（2017）をもとに作成

全球規模の年間被害量の経済価値額をダメージコストとして見積もることが可能である。

$$WTEV_{Impact,\ annual} = \sum_{safe} RV_{safe} \times WF2_{safe}$$
（safe = 人間健康，社会資産，生物多様性，一次生産）

$WTEV_{Impact,\,annual}$：世界全体の総環境被害量（年間，円）

RV_{safe}：保護対象safeの規格値

$WF2_{safe}$：保護対象safeの被害１単位を回避することに対する支払意思額（USD/被害単位量）

　LIME３の代表値（人口規模修正済みの重み付け係数WF２）と，上式を用いて全球規模の年間被害量の経済価値額を計算すると，約５兆US\$となった。これは，世界全体のGDP（2013年現在77兆US\$）の約6.5％に相当し，従来の統合評価モデルによる結果に比べて相対的に大きめの値となった。無次元の重み付け係数（WF１）についてのより詳細の分析と考察はItsubo et al.（2015）を，支払意思額をベースにした重み付け係数（WF２）と経済評価についてはMurakami et al.（2017）を，適宜合わせて参照されたい。

6　LCAにおける環境価値評価の展望

　LIMEによる環境価値評価の特長の１つは，特性化，被害評価，統合化の３つのプロセスで体系的に環境影響を分析できることである。特に最終プロセスである統合化では，被害評価の結果として提示される保護対象の被害量に対して，各保護対象の重み付け係数を乗じることで単一指標化している。この統合化の手法にコンジョイント分析を採用することで，LIMEは２種類の重み付け係数を得る。第一に，保護対象の年間被害量に対する相対的重み付け係数（無次元，WF１）を得ることで，ISO14042で規定される「特性化」「正規化」「重み付け」の順でLCIAを行うことができる。第二に，保護対象１単位の被害を回避するための支払意思額（経済評価，WF２）を得ることで，相当する社会的費用の算定も可能となる。このような２種類の重み付け係数を，経済理論に基づきながら，１つの解析モデルで推定できることにコンジョイント分析をLCIAに適用する意義がある。

　初期（1990年代）の統合化手法は，特性化の結果から直接影響領域間の重み付けを行うことで単一指標を得る問題比較型（ミッドポイントタイプ，図表4-1）が主流であった。しかし，問題比較型は10項目以上の影響領域について

同時に，かつ，実際にどの程度の環境影響が発生しているかについてほとんど情報を提示することなく比較するため，透明性や信頼性が著しく欠落するという問題点も指摘された。2000年代以降になり，人間健康や生物多様性などのエンドポイントレベルの被害量を評価することで対象項目数を最小化し，エンドポイント間の比較から統合化を行う被害算定型（エンドポイントタイプ）が主流となった。被害評価を用いると，定量的に表現される評価結果の項目数を少なくでき，結果の解釈が容易になる。重み付けを行う評価者の負担軽減にもつながることから，被害算定型の統合化手法の開発に注目が集まった。この流れの中で，LIMEは，環境経済学において検討が重ねられてきたコンジョイント分析を利用した多属性評価を，世界で初めて体系的にLCIA手法に組み込んだ先駆的な研究事例である。

　環境経済学の分野においても，LIMEによる環境価値評価は先進的だ。従来の人間健康や生態系などの経済価値の評価研究では，本来重要性を考察する上で基礎的情報となるべき保護対象（人間健康や生態系）の被害状況に関する情報が，定性的であるか，あるいは定量的であっても汚染物質の大気中濃度など実際の被害以前の段階での表現が評価対象として利用されることが多かった。LIMEで採用するダメージ関数に基づく被害評価の結果は，重み付けの評価対象となる4つのエンドポイントの被害量が特定の単位で定量的に表現される。ダメージ関数の研究成果をプロファイルデザインに反映させ，保護対象間の比較検討を行った研究は環境評価研究においても類をみない。

　近年のグローバル化によるサプライチェーンの地理的範囲の拡大とLCIA活用の多様化，計算機の高度化などを受け，LCIAの評価範囲は世界に拡張される傾向にある。世界規模の影響評価手法の開発を行うプロジェクトには，本章で紹介したLIME 3 をはじめ，LCImpact（LCImpact 2015），Impact World＋（Impact World＋2015）などがあるが，被害評価だけでなく，統合化についても世界規模に拡張している研究はLIME 3 だけである。世界規模に拡張したことによって，被害係数は世界193カ国の環境条件に沿った分析が可能であり，環境負荷発生国と影響国の定量的な関係を示す被害係数を用いて被害発生国ベース（結果別）と消費国ベース（原因別）で評価結果を比較することもできる。さらに，統合化係数も，G20各国の環境意識を反映しており，報告対象者

や目的に応じて，G20平均，先進国，途上国，特定国で複数の評価を行い，評価主体による違いを比較しながら活用することが可能である。今後は，より地域偏在性の高い影響領域についても被害評価を精緻化するとともに，途上国や多様な評価者に応じた統合化係数の開発にむけた検討を積み重ねることで，影響評価の一層の精度向上と活用が望まれる。

和文概要

　LCIA（ライフサイクル影響評価）の中でも，多様な環境影響を統合化して単一指標化する重み付け手法は，製品選択等の意思決定に有用な情報を提供するものとして，これまで多くの手法開発に向けた検討がなされてきた。とりわけ，経済評価指標による統合化は，評価結果のわかりやすさに加え，LCC（ライフサイクルコスティング）や環境会計などの他の評価ツールにも応用できるために注目度は高い。本章では，LCIAの統合化プロセスでコンジョイント分析を採用し，２種類（経済評価と無次元）の重み付け係数と単一指標を得る先駆的な手法であるLIME（日本版被害算定型影響評価手法）を紹介する。

　LIMEは，経済産業省とNEDO（新エネルギー・産業技術総合開発機構）が1998年から開始したLCA国家プロジェクトで開発された。本手法を構成する被害評価から，人間健康，社会資産，生物多様性，一次生長の４項目の保護対象の被害量に関する情報が得られる。本章では，この４項目の保護対象間の重要度比較について，コンジョイント分析を採用した調査を世界19カ国で実施し，重み付け係数の算定を行った。グローバル化によるサプライチェーンの地理的範囲の拡大を背景に，世界規模の影響評価手法の開発が進む中，被害評価だけでなく，統合化についても世界規模に拡張したのは本研究が初めてである。これまで提案された統合化手法による結果との比較を通じて当該手法の有用性を検証し，LCAにおける環境価値評価の利用可能性を展望する。

英文概要

Weighting, which is the final step of LCIA (Life Cycle Impact Assessment), is essential to convert the various types of environmental impacts into a common indicator using numerical factors based on value choices. To date, many weighting methodologies have been proposed. Among them, economic valuation has gained attention because of the facility to understand, and the accessibility to cost-benefit analysis studies that consider the global supply chain. This chapter reviews LIME (Life cycle Impact assessment Method based on Endpoint modeling), which is the Endpoint-type LCIA methodology. LIME provides dimensionless and monetary weighting factors simultaneously by using a choice experiment.

LIME directly weights the four areas of protection-human health, social assets, biodiversity, and primary production-based on the results of damage assessment, which calculates potential damages to safeguard subjects from the perspective of environmental science. While LIME2 developed national weighting factors for Japan, LIME3 conducts a large-scale simultaneous survey in G20 countries, using a uniform questionnaire to compare the weighting factors calculated for different countries and to calculate global-scale weighting factors. This is the first methodology to provide global-scale weighting factors as well as damage assessment. LIME has been developed in the LCA national project of Japan and a global-scale survey has been implemented with the financial support of the Cabinet Office.

（伊坪徳宏・村上佳世）

第 **5** 章

環境投資行動の評価

1　はじめに

　本章では投資家の視点から環境経営を評価する。投資家は企業の財務状態などをもとに投資先を判断するが，環境問題に対する社会的関心が高まったことを背景に，近年は企業の環境対策も投資の判断に影響することが増えてきた。企業の環境対策や社会活動を評価し，投資の意思決定に反映させる投資行動は「社会的責任投資」（Socially Responsible Investment: SRI）と呼ばれている。海外では1920年代からSRIが開始され，投資先を決定する際には人権問題・消費者問題・環境問題など様々な社会問題が考慮されるようになっている。国内では，環境問題への取り組み状況を投資先の決定に反映させた投資信託として「エコファンド」が1999年に登場し，多くの個人投資家の関心を集めた。社会的責任投資については，水口他（1998），谷本（2003），水口（2005），水口（2011）が詳しい。

　さらに2006年には国連が「責任投資原則」（Principles for Responsible Investment: PRI）を提唱した。責任投資原則は，投資を行う際には，持続可能な社会の実現のために環境（Environmental），社会（Social），ガバナンス（Governance）の３つの課題に対して配慮することを原則とすることを宣言するものである。この環境・社会・ガバナンスに配慮した投資はESG投資と呼ばれているが，ESG投資は近年，急速に増加傾向にある。PRIの資料によると，

2017年4月時点で1714の年金基金や運用会社がPRIに署名し，運用資産残高は16.3兆ドルである。10年前の2007年には運用資産残高は3.2兆ドルであったので，10年間で市場規模が5倍に拡大している。また，2017年に年金積立金管理運用独立行政法人がESG投資を本格的に開始したことから，国内でもESG投資が注目を集めている。ESG投資については，足達他（2016），小方（2016），水口（2017）が詳しい。

　企業の環境対策が投資家に及ぼす効果は，大別して「私的効果」と「社会的効果」の2つに区分できる。「私的効果」とは，投資家の私的利益に直結した効果のことである。たとえば，環境対策を怠った企業は，汚染事故により工場が操業停止となり，さらには周辺住民への損害賠償などにより巨額の損失が発生するリスクが高いと考えられる。したがって，環境対策を行った企業に投資することで，汚染事故により株価が暴落して損失が生じることを回避できるであろう。このような投資家の私的利益の観点から環境経営に投資する効果が「私的効果」である。

　一方，「社会的効果」とは，投資家の私的利益には直結しない効果のことである。たとえば，企業が温暖化対策を行っても企業の直接的な利益は省エネによる燃料費節約などに限られる。逆に温暖化対策を怠ったとしても，温暖化対策が企業の自主的努力に任されている現状においては，工場の操業停止や訴訟を受けるリスクは発生しない。したがって，温暖化対策を推進する企業に投資しても，投資家の直接的な利益にはつながらないかもしれない。にもかかわらず，社会的責任という観点から環境対策を行う企業に積極的に投資を行う投資家も存在する。このような社会的利益の観点から環境経営に投資する効果が「社会的効果」である。

　本章では，企業の環境対策が投資の意思決定に及ぼす効果を分析することで，環境経営の私的効果と社会的効果をそれぞれ金銭単位で評価する。第一に，投資家の意思決定に関する経済モデルを構築し，企業の環境対策が投資行動に及ぼす影響を理論的に分析する。第二に，企業の環境対策が投資家に及ぼす影響を評価するための手法としてコンジョイント分析を取り上げる。投資家は様々な要因をもとに投資銘柄の意思決定を行うが，様々な投資決定要因の中から環境対策の効果を抽出するためには，属性単位で価値を分解できるコンジョイン

ト分析が有用と考えられる。第三に，投資家を対象としたコンジョイント調査を実施し，企業の環境対策が投資行動に及ぼす影響の評価を行う。ここでは，大気汚染対策，水質汚染対策，廃棄物対策，温暖化対策の4種類の環境対策を取り上げ，それぞれの私的効果と社会的効果について評価を行う。第四に，評価結果をもとに企業の環境対策の効果を分析し，環境会計への応用可能性について論じる。そして，最後に投資家の視点から環境経営を評価することに関して今後の課題を検討する。

2　環境対策と投資行動

　投資家が投資銘柄を選択する際には，様々な株価関連指標を用いる。代表的なものとして株価，1株利益，PER（株価収益率），PBR（株価純資産倍率），株価チャートなどがある。さらに，最近では企業の環境対策に関心が高まったことから，企業の環境対策を重視したエコファンドも登場しており，企業の環境対策は投資行動に影響を及ぼす重要な情報の1つとなりつつある。

　図表5-1は環境対策と投資行動の関係を示したものである。投資家は，各企業の株価，PER，PBR，株価チャートなどの株価関連指標，そして企業の環

■図表5-1　環境対策と投資行動の関係

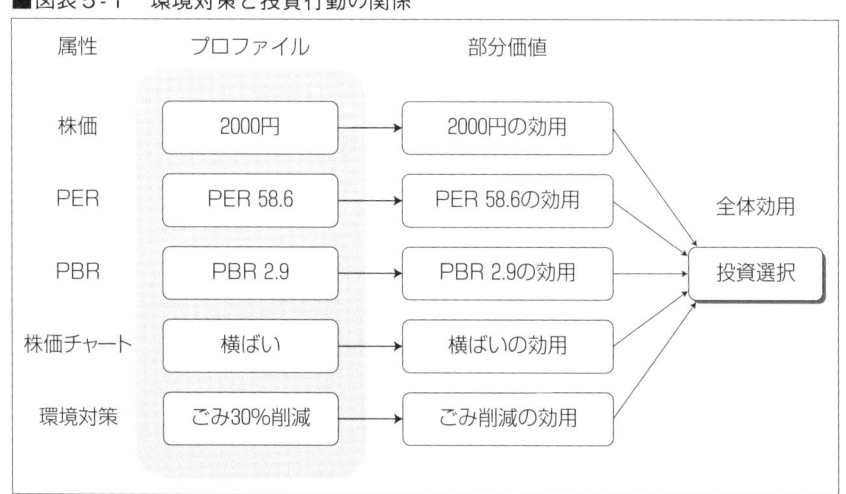

境対策を参考にしながら投資銘柄を選択する。ここで，株価，PER，PBR，株価チャート，環境対策を属性と呼ぶ。各企業は属性の組み合わせによって示されるが，この属性の組み合わせをプロファイルと呼ぶ。投資家は各属性に対して効用を持ち，たとえば環境対策には環境対策の効用がある。この属性単位の効用を部分価値と呼ぶ。部分価値の総和は全体効用と呼ばれる。そして投資家は全体効用の高い企業に対して投資を行うと考えられる。

■図表 5-2　投資家の銘柄選択モデル

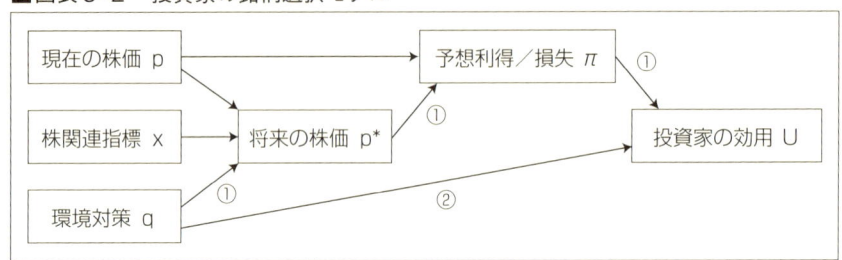

　次に投資家の銘柄選択行動の経済モデルを検討しよう。図表 5-2 はここで検討するモデルを示している。まず，投資家は現在の株価（p），PER・PBR・株価チャートなど株価関連指標（x），および企業の環境対策（q）をもとに将来の株価（p＊）を予想する。将来の株価から現在の株価を差し引いたものが予想利得／損失（π）となる。投資家はこの予想利得／損失をもとに投資行動を決めるが，同時に環境対策が実施されること自体からも効用を得ると考えられる。その結果，環境対策が投資行動に及ぼす影響には，①環境対策によって株価が上昇することを期待して投資する効果（私的効果），②株価への影響とは関係なく，環境対策が実施されること自体を評価して投資する効果（社会的効果）の 2 種類の方向がある。私的効果と社会的効果は，それぞれ図表 5-2 の①と②の部分に相当する。本研究では，大気汚染対策，水質汚染対策，廃棄物対策，温暖化対策の 4 種類の環境対策を取り上げ，それぞれについて上記で示された私的効果と社会的効果を評価する。

　なお，ここでは図を用いてモデルの概要のみを示したが，経済モデルの詳細については本章の補論を参照されたい。

3　コンジョイント分析による評価

　投資家の銘柄選択行動の要因には，株価，株価関連指標，環境対策など様々な属性が含まれる。そして，投資家は，各企業の属性をもとに投資先を決定する。コンジョイント分析は，このように複数の属性によって構成されるプロファイルに対する選好を人々にたずねることで，各属性単位のウェイトを評価することができる（栗山，1999；鷲田，1999）。コンジョイント分析には，完全プロファイル評定型，ペアワイズ評定型，選択型実験などの質問形式が開発されている。しかし，投資家の決定要因には多数の属性が含まれることが予想されるため，多属性を評価可能な質問形式であるペアワイズ評定型を採用した。

　ペアワイズ評定型は一部の属性のみを提示して推定可能なため，属性数が多い場合でも推定可能である。特にコンピュータ・インタビューを用いると最大30属性まで評価できることが知られている（栗山，2000）。

　図表5-3は本研究で採用されたペアワイズ評定型の設問例を示している。ペアワイズ評定型では，2つの対立するプロファイルが示されて，どちらがどのくらい好ましいかをたずねる。プロファイルにはすべての属性が示されるのではなく，一部の属性のみが示され，その他の属性は2つのプロファイルで同一と見なされる。

　この図の場合は，株価と廃棄物対策のみが異なり，その他は同じ企業が2つ存在すると想定して，どちらが好ましいかをたずねる。左側が最もいいと思う場合は1を選択し，右側が最もいいと思う場合は9を選択し，どちらともいえないと思う場合は5を選択する。示されたプロファイルと回答の関係を統計的に分析し，各属性のウェイトを推定する。属性の中に株価という価格情報が含まれているので，株価と環境対策のウェイトが推定されると，環境対策を金額で評価することが可能となる。

> あなたはどちらの企業に投資したいと思いますか？　１－９のどれかを選んでください。
>
> | 株価　2,000円
ごみ30%削減 | | 株価　4,000円
ごみ20%削減 |
>
> | 非常に
左側がよい | | どちらも
同じ | | 非常に
右側がよい |
> | 1 | 2 | 3 | 4 | 5 | 6 | 7 | 8 | 9 |

　コンジョイント分析の調査手順は**図表5-4**のとおりである。なお，本研究では，実際の企業を対象に実証研究を行う必要があることから，企業の環境対策担当者と研究者によって構成される検討委員会を設置し，この検討委員会にて調査内容の検討を進めた。

■図表5-4　コンジョイント分析の調査手順

(1)	評価対象についての情報収集 評価対象の現状把握，自然科学的データの収集，専門家の意見収集など
(2)	属性とレベルの選定 評価対象を構成する多数の属性の中から評価属性を選択，属性変数のレベル（変数の値）の選択，支払額レベルの選択，質問形式の選択
(3)	プロファイル・デザイン 推定に影響を及ぼさないようにプロファイルを設計。直交行列による作成やD効率性による作成方法などがある。
(4)	プレテスト（小規模な事前調査） 説明内容や支払形態に問題がないかを確認，属性やレベルの調整
(5)	最終調査（大規模な本調査）
(6)	推定

(1)　評価対象についての情報収集

　第一の評価対象については，ここでは調査時点において環境対策の進んでいた企業の１つである株式会社リコーの環境対策を取り上げた。そして，リコーの環境対策室担当者の意見を参考にリコーの環境対策に関する情報を収集した。なお，リコーの環境対策については植田他（2010）が詳しい。

■図表5-5　リコーの環境属性

		水準1 現状	水準2 考えられる 目標値	水準3 非現実的な 目標値	水準4 現状よりも 悪化
1）温暖化ガス 排出量	CO_2排出量	262,053t	248,950 t	209,642 t	314,464 t
	削減率	4.1%	5%	20%	−20%
2）大気汚染物 質排出量	鷲田（1999） と同様	$3.78×10^{10}$㎥	$3.02×10^{10}$㎥	$1.89×10^{10}$㎥	$4.54×10^{10}$㎥
	削減率	10.3%	20%	50%	−20%
3）水質汚染物 質排出量	BOD	36.61t	32.95t	18.31t	43.93t
	削減率	4.5%	10%	50%	−20%
4）廃棄物	最終処分量	6,538t	3,269t	0t	7,846t
	削減率	34.6%	50%	100%	−20%

⑵　属性とレベルの選定

　第二の属性とレベルの選定については，リコーの担当者，株式投資および環境会計の専門家等の意見を参考に選定を行った。環境関連属性は図表5-5を用いて作成した。属性は温暖化ガス削減率，大気汚染物質削減率，水質汚染物質削減率，廃棄物削減率の4種類である。大気汚染物質については鷲田（1999）がエアコンの製品評価で用いたコンジョイント調査と同様に，各物質が排出されたときに各環境基準まで薄めるために必要な大気量で合算して1つの指標に整理した。水質汚染物質についてはBODで代表した。図表5-5の水準1はリコーの現状について排出量と削減率を示している。この現状を参考に，水準2（考えられる目標値），水準3（非現実的な目標値），水準4（現状よりも悪化）の水準を作成した。

　株価関連属性としては，株価，PER，PBR，株価チャートの4種類を用いた。こちらも現在のリコーの株価関連指標を参考にして4つの水準を作成した。ちなみに，調査票作成時点（2000年9月1日）のリコーの株価関連指標は図表5-6および図表5-7のとおりであった。以上の情報を参考に検討を行い，最終的に図表5-8の属性リストを採用することにした。

(株) リコー (東京1部:7752)				
取引値		前日比	前日終値	出来高	時価総額
9/01 1,918		+53(+2.84%)	1,865	1,937,000	1,328,602百万円
始値	高値	安値	買い気配	売り気配	発行済株式数
1,918	1,940	1,900	---	---	692,701,836株
配当利回り	1株配当	株価収益率	1株利益	純資産倍率	1株株主資本
0.57%	11.00円	58.67倍	32.69円	2.90倍	661.71円
株主資本比率	株主資本利益率	総資産利益率	調整1株益	分割原資	株式額面
60.00%	5.11%	8.53%	30.58円	212,420百万円	50円

注：2000年9月1日時点，Yahoo!ファイナンスより作成

■図表5-7　リコーの株価チャート（1999年9月〜2000年9月）

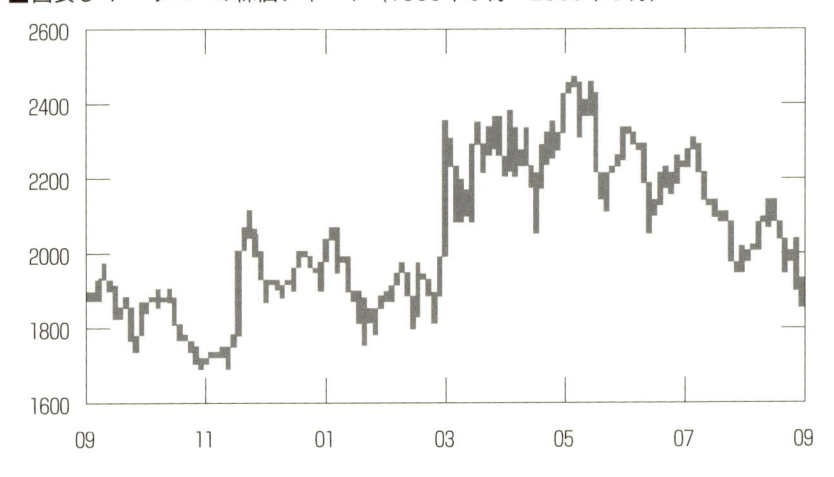

注：2000年9月1日時点，Yahoo!ファイナンスより作成

　このように投資家対象に企業評価を行う場合，株価関連指標と環境対策指標の両方を同時に推定することが必要となる属性数が多くなる。ここでは8種類の属性を用いている。このため，少数の属性しか推定できない完全プロファイル評定型や選択型を用いることは困難である。そこで，ここでは多数の属性を評価できるペアワイズ評定型を採用した。ペアワイズ評定型はコンピュータ・インタビューを用いれば最大30属性まで推定可能である。しかし，投資家を対象にコンピュータ・インタビュー調査を実施する場合，投資家の家庭を訪問し

■図表5-8　属性リスト

	水準1	水準2	水準3	水準4
株価	500円	1000円	2000円	4000円
PER	60	25	10	150
PBR	3	1	0.5	5
株価チャート	横ばい	株価上昇	株価下降	
温暖化ガス	4.1%削減	5%削減	20%削減	20%増加
大気汚染物質	10.3%削減	20%削減	50%削減	20%増加
水質汚染物質	4.5%削減	10%削減	50%削減	20%増加
廃棄物	34.6%削減	50%削減	100%削減	20%増加

注：灰色部分は現状を意味する

て調査を実施する必要があり，調査コストが非常に高くなってしまう。そこでインターネット調査を採用することにした。最近はオンライン・トレーディングの普及により，インターネットを利用する投資家が急増している。一般市民対象の調査ではインターネット利用者が特定層に偏っていることから母集団を正確に反映できない可能性があるが，投資家の場合はインターネットの普及が比較的進んでいることから，投資家対象の調査ではインターネット調査によるバイアスは比較的少ないと思われる。

(3)　プロファイル・デザイン

　プロファイル・デザインは，Sawtooth社のACA/Webを用いた[1]。これはインターネット対応版のACAであり，インターネット上で属性単位評定，ペアワイズ評定，完全プロファイル評定による調整の3段階の設問を行う。ACA/Webは最初の属性単位の質問のデータを用いて，ペアワイズ設問時に2種類のプロファイルがうまくトレードオフの関係になるようにプロファイル・デザインを行い，少ない設問数で効率よく推定できるように工夫が行われている。ここでは質問時間があまり長くならないように配慮し，ペア設問を8回，調整設問を5回に設定した。

---

[1]　ACAについては第3章『環境保全型製品の評価』を参照されたい。

(4) プレテスト

通常はアンケート票の草案を作成した後に，小規模な事前調査（プレテスト）を繰り返し，調査票の問題点を把握する。しかし，この調査では投資家を対象とするため，投資家に事前にプレテストをお願いすることが困難であった。このため，委員会と調査会社担当者が調査前に調査票を確認するとともに，本調査の初日のデータを見て，問題点がないかをチェックする方法を用いた。その結果，特に問題点が見られなかったので，そのまま本調査を続けることにした。

(5) 本調査

本調査は2001年1月29日（月）～2月2日（金）にかけて実施された。調査は㈱日経リサーチが担当した。日経リサーチに登録されているモニターから「株式を保有している人」という条件でランダムサンプリングにより一般投資家1000人を抽出し，電子メールでアンケート調査への協力を依頼した。回答者には抽選で100人に謝礼を渡すことにした。最終的に368人から回答を得た。回収率は36.8%。以下，各設問別の回答について示す。

問1　株式に投資するようになってから何年ぐらいですか？　一つを選んでください。

1年以内	11%
1～2年	14%
2～5年	25%
6～10年	23%
10～19年	18%
20年以上	9%

問2　現在の投資額はいくらぐらいですか？　一つを選んでください。

100万円未満	36%	700万円台	2%	1400万円台	0%
100万円台	15%	800万円台	3%	1500万円台	0%
200万円台	13%	900万円台	0%	1600万円台	0%
300万円台	10%	1000万円台	6%	1700万円台	0%
400万円台	4%	1100万円台	0%	1800万円台	1%

| 500万円台 | 4% | 1200万円台 | 0% | 1900万円台 | 0% |
| 600万円台 | 3% | 1300万円台 | 0% | 2000万円以上 | 4% |

問3　以下の言葉を知っていますか？　それぞれについて一つを選んでください。

一株利益	知っている 87%	知らない 13%
PER（株価収益率）	知っている 82%	知らない 18%
PBR（株価純資産倍率）	知っている 67%	知らない 33%
ROE（株主資本利益率）	知っている 71%	知らない 29%
地球温暖化	知っている 99%	知らない 1%
環境会計	知っている 37%	知らない 63%
エコファンド	知っている 75%	知らない 25%
ISO14000	知っている 70%	知らない 30%
ライフサイクル・アセスメント	知っている 32%	知らない 68%

問4　あなたは株式に投資するときに以下の指標を参考にしていますか？　それぞれについて一つを選んでください。

一株利益	参考にしている 60%	参考にしていない 30%	分からない 9%
PER（株価収益率）	参考にしている 58%	参考にしていない 31%	分からない 11%
PBR（株価純資産倍率）	参考にしている 42%	参考にしていない 42%	分からない 16%

問5-1　あなたは，企業の温暖化対策についてどのように思いますか？　一つを選んでください。

最優先で対策に取り組むべき	55%
利益にひびかない範囲で対策に取り組むべき	42%
対策に取り組む必要はない	1%
わからない	2%

問5-2　あなたは，株式投資で銘柄を選ぶときに，企業の温暖化対策を重視していますか？　一つを選んでください。

これまで重視していないし，今後も重視するつもりはない	19%
これまで重視していなかったが，企業の温暖化対策の情報が開示されれば重視する	78%
これまでも重視していた	3%

問6-1　あなたは，企業の大気汚染対策についてどのように思いますか？　一つを選んでください。

最優先で対策に取り組むべき	66%
利益にひびかない範囲で対策に取り組むべき	33%
対策に取り組む必要はない	0%
わからない	0%

問6-2　あなたは，株式投資で銘柄を選ぶときに，企業の大気汚染対策を重視していますか？　一つを選んでください。

これまで重視していないし，今後も重視するつもりはない	18%
これまで重視していなかったが，企業の大気汚染対策の情報が開示されれば重視する	74%
これまでも重視していた	8%

問7-1　あなたは，企業の水質汚染対策についてどのように思いますか？　一つを選んでください。

最優先で対策に取り組むべき	69%
利益にひびかない範囲で対策に取り組むべき	29%
対策に取り組む必要はない	0%
わからない	1%

問7-2　あなたは，株式投資で銘柄を選ぶときに，企業の水質汚染対策を重視していますか？　一つを選んでください。

これまで重視していないし，今後も重視するつもりはない	17%
これまで重視していなかったが，企業の水質汚染対策の情報が開示されれば重視する	75%
これまでも重視していた	7%

問8-1　あなたは，企業の廃棄物対策についてどのように思いますか？　一つを選んでください。

最優先で対策に取り組むべき	77%
利益にひびかない範囲で対策に取り組むべき	22%
対策に取り組む必要はない	0%
わからない	1%

問8-2 あなたは，株式投資で銘柄を選ぶときに，企業の廃棄物対策を重視していますか？ 一つを選んでください。

これまで重視していないし，今後も重視するつもりはない	16%
これまで重視していなかったが，企業の廃棄物対策の情報が開示されれば重視する	71%
これまでも重視していた	13%

問9-1 あなたの性別をお教えください。一つを選んでください。

男	58%
女	42%

問9-2 あなたの年齢をお教え下さい。一つを選んでください。

20代	15%
30代	54%
40代	22%
50代	7%
60代	2%
70代以上	1%

問10 あなたのお住まいをお教えください。一つを選んでください。

北海道	2%	埼玉	8%	岐阜	0%	鳥取	0%	佐賀	0%
青森	0%	千葉	10%	静岡	2%	島根	0%	長崎	0%
岩手	0%	東京	22%	愛知	6%	岡山	1%	熊本	0%
宮城	1%	神奈川	14%	三重	1%	広島	2%	大分	1%
秋田	0%	新潟	0%	滋賀	1%	山口	1%	宮崎	0%
山形	1%	富山	1%	京都	3%	徳島	0%	鹿児島	0%
福島	1%	石川	1%	大阪	9%	香川	1%	沖縄	0%
茨城	1%	福井	1%	兵庫	5%	愛媛	0%		
栃木	1%	山梨		奈良	2%	高知	0%		
群馬	1%	長野		和歌山	1%	福岡	1%		

問11 あなたのご職業をお教えください。一つを選んでください。

会社員	54%	専業主婦	21%	その他	9%
公務員	4%	パート	6%		
自営業	5%	年金受給者	1%		

問12　あなたの家の年収は税込みでどのくらいですか。年金も含みます。一つを選んでください。

200万円未満	8%	600万円台	11%	1,100万円台	3%
200万円台	2%	700万円台	15%	1,200万円台	4%
300万円台	5%	800万円台	8%	1,300万円台	3%
400万円台	6%	900万円台	10%	1,400万円台	1%
500万円台	13%	1,000万円台	9%	1,500万円以上	5%

4　推定結果

　以上のモデルを用いてペアワイズ・データの推定を行ったところ，図表5-9の結果が得られた。推定方法の詳細は付録『環境価値評価の理論と統計分析』を参照されたい。まずすべてのサンプルを用いて推定した結果（全サンプル）について説明する。全サンプルの結果はおおむね良好で，PBR0.5以外はすべて1％水準で有意となった。また株価の符号はプラスで有意となった。これは株価上昇によって投資家の効用が上昇することを意味し，現在の株価が1円上昇したとき，将来の予想株価が1円以上上昇すると予想していることが分かる。

■図表5-9　順序プロビット推定結果

変数	全サンプル			利益優先サンプル		
	係数	t値	p値	係数	t値	p値
株価	0.0001679	8.84	0.000	0.0002975	5.31	0.000
PER 60	0.2554	3.68	0.000	−0.1005	−0.55	0.581
PER 25	0.5879	7.02	0.000	0.4266	1.82	0.070
PER 10	0.5525	5.45	0.000	−0.0585	−0.22	0.827
PBR 3	−0.2332	−3.40	0.001	−0.4455	−2.50	0.013
PBR 1	−0.2761	−3.64	0.000	−0.4856	−2.33	0.020
PBR 0.5	0.0800	0.91	0.363	0.0883	0.48	0.632
チャート横ばい	0.2381	4.00	0.000	0.2912	1.78	0.076
チャート上昇	0.5404	10.70	0.000	0.4478	3.42	0.001
温暖化ガス削減率	0.009666	5.25	0.000	0.002483	0.51	0.610
大気汚染削減率	0.007266	5.41	0.000	0.005818	1.40	0.161

水質汚染削減率	0.010348	7.92	0.000	0.007125	1.92	0.056
廃棄物削減率	0.008553	13.66	0.000	0.006822	4.14	0.000
$\alpha 1$	−1.8671	−36.68	0.000	−1.7586	−13.56	0.000
$\alpha 2$	−1.3927	−33.97	0.000	−1.3140	−12.35	0.000
$\alpha 3$	−0.7080	−21.65	0.000	−0.7361	−8.27	0.000
$\alpha 4$	−0.4464	−14.31	0.000	−0.3872	−4.67	0.000
$\alpha 5$	0.3340	10.92	0.000	0.4370	5.09	0.000
$\alpha 6$	0.5953	19.08	0.000	0.6758	7.790	0.000
$\alpha 7$	1.2984	35.97	0.000	1.2689	13.27	0.000
$\alpha 8$	1.7332	41.66	0.000	1.6616	14.40	0.000
N	2944			432		
LogL	−5638.27			−833.67		
的中率	29.86%			28.24%		

　次に，利益優先サンプルについて説明する。これは企業の環境対策に関する設問（問5−1〜問8−1）において，すべての環境対策に対して「利益にひびかない範囲で対策に取り組むべき」を選んだ回答者である。利益優先サンプルは，企業利益につながる範囲内で環境対策を実施すべきと考えている。すなわち，それは環境対策が企業利益につながり，結果として株価の上昇につながるならば環境対策を実施すべきであり，もしも環境対策が株価上昇につながらないならば実施すべきではないと考えているといえる。これはモデルでいうと図表5-2の②の部分がゼロ，すなわち環境対策の社会的効果がゼロの回答者に相当する。したがって，利益優先サンプルの推定結果は環境対策の私的効果のみを反映していると考えられる。図表5-9の利益優先サンプルを見ると，サンプル数が少ないため有意となっていない変数が一部に見られる。

　図表5-9の結果をもとに補論の計算式により環境対策の限界支払意思額を算出したところ，図表5-10とおりとなった。これは1株当たりの支払意思額である。

	全サンプル	利益優先サンプル	
PER 60	1,521	−338	円
PER 25	3,502	1,434	円
PER 10	3,291	−197	円
PBR 3	−1,389	−1,497	円
PBR 1	−1,644	−1,632	円
PBR 0.5	476	297	円
チャート横ばい	1,418	979	円
チャート上昇	3,218	1,505	円
温暖化ガス削減率	57.6	8.3	円/%
大気汚染削減率	43.3	19.6	円/%
水質汚染削減率	61.6	23.9	円/%
廃棄物削減率	50.9	22.9	円/%

5　環境会計への応用

　次に投資家による評価結果を企業の環境会計に応用する方法について検討する。環境会計とは，企業の環境対策の費用と効果を集計し，比較を行うものである（環境会計の詳細については第6章を参照）。ここでは，環境対策の効果を投資家の視点から評価したものを集計し，環境会計の効果として計上する方法について検討する。図表5-10の金額は1株当たりの限界支払意思額である。したがって，企業の環境会計に使える集計額を算出するには次式を用いる。

$$\boxed{集計額} = \boxed{限界支払意思額} \times \boxed{削減率} \times \boxed{株式発行数} \times \boxed{利子率}$$

　たとえば，リコーの温暖化ガス削減の効果の場合を考えると，限界支払意思額57.6円/%に現在の削減率4.1％を掛けて，さらに発行済株式数692,710,000株を掛ける。この金額は株式の時価総額に相当するストックの金額である。環境会計は一般に1年当たりで集計する。そこで，ストックに利子率を掛けることで毎年のフローに換算する。

　こうして集計したところ，図表5-11の集計額が得られた。ここで利子率に

は調査時点の金利をもとに0.35％を用いた。環境効果のうち総効果は全サンプルの推定結果から算出したもの，私的効果は利益優先サンプルから算出したもの，そして社会的効果はその差額である。総効果の部分を見ると，廃棄物対策が42.73億円ともっとも高く，次に大気汚染対策10.81億円，水質汚染対策6.72億円，温暖化対策5.72億円の順になっている。すべての環境対策の効果を合計すると65.99億円となった。

■図表 5-11　集計額

単位：億円

	環境効果		
	総効果	私的効果	社会的効果
温暖化ガス削減	5.72	0.83	4.89
大気汚染削減	10.81	4.88	5.92
水質汚染削減	6.72	2.61	4.11
廃棄物削減	42.73	19.24	23.50
合計	65.99	27.56	38.42

注：利子率0.35％で計算

　また私的効果と社会的効果の比率を見ると図表5-12の結果が得られた。温暖化対策の場合，私的効果はわずか14％にすぎず，社会的効果が86％を占めているのに対して，それ以外の対策は私的効果が39〜45％と４割前後を占めている。

　この原因は以下のように解釈することが可能である。大気汚染，水質汚染，廃棄物は法律によって規制されており，万一汚染事故を起こした場合に企業が多額の賠償請求を求められるリスクが高いため，環境対策はリスク削減という意味で企業利益につながりやすい。したがって，これらの環境対策は私的効果の性質が比較的強いといえる。一方，温暖化に関しては法規制がなく，企業の自主的取組が基本となっているため，リスク削減効果は少ない。また温暖化対策は地球全体に効果の及ぶ対策であるため，社会的効果の性質が強いといえる。

■図表5-12 環境対策別私的効果と社会的効果の比率

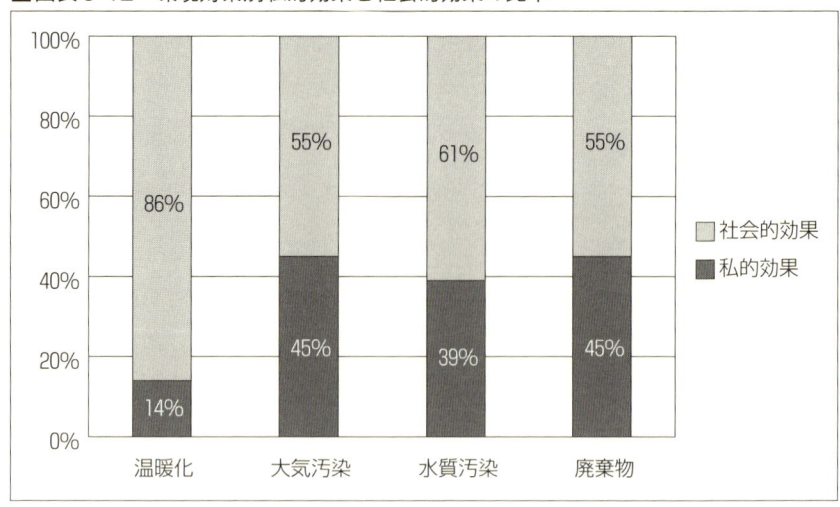

6 結論と今後の課題

　本章では，投資家を対象にコンジョイント調査を実施することで，企業の環境対策の効果を貨幣単位で評価する試みを行った。結果を整理すると以下のとおりである。

　第一に，環境対策の限界支払意思額は環境負荷削減1％あたりで見ると温暖化対策57.6円，大気汚染対策43.3円，水質汚染対策61.6円，廃棄物対策50.9円であった。

　第二に，リコーの環境対策の経済効果を集計すると，温暖化対策5.72億円，大気汚染対策10.81億円，水質汚染対策6.72億円，廃棄物対策42.73億円であり，合計で65.99億円であった。

　第三に，環境対策の効果には，投資家の私的利益につながる私的効果と，私的利益につながらないが環境が改善されたときの社会的効果があることが示された。そして環境対策別に見ると，温暖化対策の場合，私的効果はわずか14％にすぎず，社会的効果が86％を占めているのに対して，それ以外の対策は私的効果が39〜45％と4割前後を占めていた。

　以上のことから，投資家の視点から企業の環境対策を見た場合でも，環境対策の社会的効果が半分以上を占めており，とりわけ温暖化対策では8割以上が社会的効果であることが示された。このことから，企業の環境対策は，企業利益に貢献するか否かだけではなく，社会全体の視点に立って判断する必要があるといえよう。

　なお，本研究はステークホルダーのうち投資家のみを対象としていることに注意が必要である。企業の環境対策の利害関係者は投資家だけではない。企業の環境対策は，投資家以外にも，消費者，従業員，地域住民など多数の人々に影響を及ぼす。したがって，本来ならば，これらすべてのステークホルダーにとっての環境対策の効果を評価すべきである。その意味で，今回の評価額は企業の環境対策の一部のみを評価したものであることに注意が必要である。

　今後は，投資家を対象とする調査をさらに実施して評価額の信頼性を検証するとともに，投資家以外のステークホルダーに対しても調査を実施し，多方面から企業の環境対策を評価することが必要であろう。

［補論］

　本章では図を用いて投資家の意思決定行動の経済モデルを説明したが，ここでは数式を使って分析を行う。以下の分析では，ミクロ経済学の消費者理論を基盤とした環境価値評価に関する理論モデルが使われている。環境価値評価の経済理論については，Johansson（1987），栗山（1998），Freeman et al.（2014）が詳しい。

　投資家が企業 j に投資したときの効用を

$$U_j = U(\pi_j, q_j) \tag{1}$$

とする。ただし，U は効用関数，π_j は企業 j に投資したときの予想利得／損失，q_j は企業 j の環境対策である。予想利得／損失は

$$\pi_j = p_j{}^* - p_j = R(p_j, x_j, q_j) - p_j \tag{2}$$

によって示される。ただし，$p_j{}^*$ は将来の予想株価，p_j は現在の株価，x_j は株価

関連指標である。(2)式を(1)式に代入すると以下の間接効用関数が得られる。

$$U_j = U(R(p_j, x_j, q_j) - p_j, q_j) = V(p_j, x_j, q_j) \cdots\cdots (3)$$

ここで企業 j の株価が1円だけ上昇したときの投資家の効用への影響は

$$\frac{\partial V}{\partial p_j} = \frac{\partial U}{\partial \pi_j} \left(\frac{\partial R}{\partial p_j} - 1 \right) \cdots\cdots (4)$$

によって示される。したがって現在の株価が1円だけ上昇したとき，将来の予想株価が1円以上上昇すると予想するならば，株価上昇によって投資家効用も上昇する。逆に現在の株価が1円上昇したとき，将来の予想株価の上昇額が1円未満ならば，株価上昇によって投資家効用は低下する。したがって(4)式の符号はプラスにもマイナスにもなりうる。

　次に企業の環境対策が投資家に及ぼす影響について考える。企業 j の環境対策が1単位だけ改善されたときの投資家の効用への影響は

$$\frac{\partial V}{\partial q_j} = \underset{①}{\frac{\partial U}{\partial \pi_j} \frac{\partial R}{\partial q_j}} + \underset{②}{\frac{\partial U}{\partial q_j}} \cdots\cdots (5)$$

となる。①部分は環境対策によって予想株価が上昇し，投資利得が上昇する効果であり，投資家の利益に直接的に現れる効果（私的効果）に相当する。②部分は環境対策によって環境が改善されること自体の効果であり，投資家の利益には直接的には現れない効果（社会的効果）である。たとえば，環境を守る必要は全くないと考えている投資家の場合，②の部分はゼロとなるが，それでも環境対策によって株価が上昇すれば自分の利益につながると考えて，この企業に投資を行うかもしれない。逆に環境問題に関心のある投資家の場合，環境対策によって株価が上昇せず，投資利益が全くない場合（①がゼロ）であっても，環境対策によって環境が守られること自体を評価して，この企業に投資を行うかもしれない。

　次に環境対策の支払意思額（WTP）を検討する。環境対策によって環境水準が q_j^0 から q_j^1 へと改善されるとする。この環境対策に対する支払意思額（WTP）は等価余剰測度を用いると以下の式によって定義される。

$$V(p_j, x_j, q_j^1) = V(p_j + WTP, x_j, q_j^0) = U_j^1 \quad\text{……………(6)}$$

つまり，環境対策が実施されなくなったときに，環境対策が実施されたときと同じ効用を達成するために必要な株価上昇額として支払意思額を定義する。両辺をq_j^1で偏微分すると以下のように限界支払意思額（MWTP）が得られる。

$$\frac{\partial U}{\partial \pi_j}\frac{\partial R}{\partial q_j^1} + \frac{\partial U}{\partial q_j^1} = \frac{\partial U}{\partial \pi_j}\left[\frac{\partial R}{\partial p}\frac{\partial WTP}{\partial q_j^1} - \frac{\partial WTP}{\partial q_j^1}\right]$$

$$MWTP = \frac{\partial WTP}{\partial q_j^1} = \frac{\dfrac{\partial U}{\partial \pi_j}\dfrac{\partial R}{\partial q_j^1} + \dfrac{\partial U}{\partial q_j^1}}{\dfrac{\partial U}{\partial \pi_j}\left[\dfrac{\partial R}{\partial p} - 1\right]} \quad\text{……………(7)}$$

(7)式の分子を見ると，(5)式と同様にMWTPは環境対策による投資利益の増額分（私的効果）と環境が改善されること自体の効果（社会的効果）の合計となることがわかる。

　ここで，効用関数と予想利得／損失関数が以下のような線形関数の場合を考える。

$$U_j = k\pi_j + sq_j$$
$$R_j = ap_j + bx_j + cq_j \quad\text{……………(8)}$$

このとき間接効用関数は

$$V_j = k(ap_j + bx_j + cq_j - p_j) + sq_j$$
$$= k(a-1)p_j + bkx_j + (kc+s)q_j \quad\text{……………(9)}$$

となる。また(7)式より限界支払意思額は

$$MWTP = \frac{kc+s}{k(a-1)} = \frac{c}{a-1} + \frac{s}{k(a-1)}$$

$$= PMWTP + SMWTP \quad\text{……………(10)}$$

となる。ここでPMWTPは私的効果の限界支払意思額，SMWTPは社会的効果

の限界支払意思額である。さらに間接効用関数が以下のように推定されるとする。

$$V_j = \beta_p p_j + \beta_x x_j + \beta_q q_j \quad\cdots\cdots(11)$$

すると(9)および(10)式より

$$MWTP = \frac{\beta_q}{\beta_p} \quad\cdots\cdots(12)$$

となる。

（栗山浩一・國部克彦）

第6章

環境会計と環境価値評価

1　はじめに

　環境会計では，企業等の環境対策の費用と効果を計測し，両者を比較することで環境対策の効率性を把握するものが1つの基本形となっている。費用と比較するため環境対策の効果も金額で評価する必要があるが，効果の金額換算は必ずしも容易ではない。そこで本章では，環境対策効果を金銭単位で評価する手法である「環境価値評価」に着目し，環境会計への応用可能性について検討する。

　企業が実施する環境対策の効果には，企業の内部で生じる「内部効果」だけではなく，企業の外部で生じる「外部効果」が存在し，そのことが効果の計測を困難なものにしている。たとえば，地球温暖化対策の効果について考えてみよう。企業が温暖化対策を実施することで自社の直接的利益となる内部効果には，省エネによる燃料費節約などがある。これは企業内部のデータであるから，容易に計測することができる。だが，温暖化対策の効果はこれだけではない。もし，温暖化が生じると，洪水や渇水などの自然災害が多発し，農産物被害が深刻化することが予想されている。さらには野生動物が絶滅するなどの生態系破壊が生じるなど，社会全体に非常に大きな被害が生じる可能性がある。企業が温暖化対策を実施する際には，こうした社会全体の被害を防止する効果が期待されている。ところが，このような効果は，その恩恵が企業の外部で生じる

「外部効果」であり，企業内部のデータだけでは外部効果を計測できない。

このため，環境対策の外部効果を計測するには，環境価値評価が必要となる。環境価値評価とは，環境の持っている価値を貨幣単位に換算する手法のことである（詳細は第2章を参照）。環境価値評価は，環境経済学の分野で開発され，現在までに50年に及ぶ研究蓄積がある。初期は水質保全，大気汚染防止，レクリエーション整備などの環境対策の評価が中心であったが，その後は手法の洗練化が行われ，野生動物保全，生態系保全，地球温暖化防止などの評価も可能となった。今日では環境評価手法は学術研究の分野だけではなく，様々な環境政策の評価にも用いられている。環境価値評価の入門書としては，栗山（1997），竹内（1999），肥田野（1999），鷲田（1999），大野（2000），栗山（2000a），栗山他（2013）などがある。

本章では，この環境価値評価の研究成果を展望するとともに，環境会計への応用可能性を検討する。

第一に，現在の環境会計で用いられている効果計測の問題点を検討する。現行の環境会計ガイドラインでは，企業の環境対策の外部効果を評価する方法について明確に定められておらず，いくつかの企業が，独自の方法で環境対策の効果を計測している。ここでは，既存事例で用いられている効果計測方法を比較検討し，その問題点を示す。

第二に，環境会計に環境評価手法を適用した事例を検討する。ここでは，CVMを用いて一般市民の視点から環境対策の経済効果を評価した事例（岩手県と大阪ガス）と，コンジョイント分析を用いて環境対策の経済効果を計測した事例（リコー，関西エアポート，京都市上下水道局）を紹介する。

そして最後に，環境評価手法を環境会計に適用するにあたって，今後の研究課題を示す。

2　環境会計における環境対策の経済効果

今日では多くの企業が環境対策に取り組んでいるが，環境対策には多額の費用が必要となる。そこで，より少ない費用で効果の高い環境対策を実行することが求められており，そのためには環境対策の費用と効果を適切に把握するこ

とが不可欠である。環境会計は，企業や自治体等が，環境対策の費用と効果を集計し，比較することで環境対策の効率性を把握することを1つの重要な目的としている（國部，2000；國部他，2012；山上他，2005）。環境会計には「内部環境会計」と「外部環境会計」の2種類が存在する。内部環境会計は環境管理会計とも呼ばれ（國部，2011），企業の経営者等が，自社の環境対策を検討するために企業内部で用いることを目的とした環境会計である。内部環境会計は，企業内部で用いることが目的のため，各企業が独自の方法で集計しても問題は生じない。これに対して，外部環境会計は，消費者，投資家，一般市民などの企業外部のステークホルダーに対する情報開示を目的とした環境会計である。外部環境会計は，企業外部への情報発信が目的であることから，個々の企業が独自の方法で集計すると他社との比較が困難となる問題が生じる。そこで，外部環境会計では一定のルールに従って集計することが求められる。

　国内においては，1999年3月に環境庁（当時）が「環境保全コストの把握及び公表に関するガイドライン」を公表したことをきっかけに，環境会計が急速に普及した。これは企業の環境報告書等に環境会計を掲載することで広く社会に情報発信をする外部環境会計を目的としたガイドラインである。この1999年のガイドラインでは環境対策費用の集計が中心であり，環境対策の効果については将来の課題とされていた。その後，2000年5月に公表された「環境会計システムの導入のためのガイドライン（2000年度版）」においては，環境保全効果の集計方法についても示された。しかし，2000年度ガイドラインにおいては，環境対策の経済効果を集計するときは，リサイクルによる収入額のように，確実な根拠に基づいて算出される経済効果（実質効果）が望ましいとされている。これに対して，事前対策による訴訟回避などは，仮定に基づいて推定計算が必要となることから，2000年度ガイドラインでは公表を求められていない。だが，2000年度ガイドラインに従って，効果を計測すると，しばしば効果が過小評価され，環境保全効果よりも環境保全コストが上回り，結果的に環境対策が赤字になるという問題が生じた。

　こうした問題点を踏まえ，2002年3月に公表された「環境会計ガイドライン2002年版」においては，環境保全対策の効果は，確実な根拠に基づいて算定される「実質的効果」だけではなく，仮定的な計算に基づく経済効果である「推

定的効果」も含めることが示された。しかし，2002年度版ガイドラインでは，推定的効果については確立された方法がないとし，実質的効果の算定方法のみが示されている。このため，推定的効果については，各企業等が独自の方法で計算せざるを得ない状況であった。

　そして2005年2月に公表された「環境会計ガイドライン2005年版」では，環境保全対策に伴う経済効果の概念整理が行われ，環境保全対策の経済効果を貨幣単位で評価する手法として経済価値評価が示された。図表6-1は現行の環境会計ガイドライン2005年版の集計項目を示している。環境保全コストに関しては，事業エリア内コスト，上・下流コスト，管理活動コスト，研究開発コスト，社会活動コスト，環境損傷対応コスト，その他コストの7種類に分類され，網羅的に費用を集計できるようになっている。一方，環境保全に伴う経済効果に関しては，確実な根拠に基づく「実質的効果」と仮定的な計算によって推定される「推定的効果」に分類されている。

■図表6-1　環境会計ガイドライン（2005年版）の集計項目

コスト項目	内　容
事業エリア内コスト	主たる事業活動により事業エリア内で生じる環境負荷を抑制するための環境保全コスト
上・下流コスト	主たる事業活動に伴ってその上流又は下流で生じる環境負荷を抑制するための環境保全コスト
管理活動コスト	管理活動における環境保全コスト
研究開発コスト	研究開発活動における環境保全コスト
社会活動コスト	社会活動における環境保全コスト
環境損傷対応コスト	環境損傷に対応するコスト
その他コスト	その他環境保全に関連するコスト

経済効果項目		内　容
実質的効果	収益	リサイクルによる有価物売却益など
	費用節減	原材料費節約額，省エネによるエネルギー節約額，廃棄物処理費節約額など
推定的効果	収益	研究開発や環境保全投資によって想定される収益など
	費用節減	環境損傷による損害賠償や修復費用の回避など

注：環境省「環境会計ガイドライン2005年版」をもとに作成

　このように，環境保全に伴う経済効果として実質的効果と推定的効果の両方

を計上できるようになっている。ただし，環境保全効果の経済価値を評価する方法については現状では実務上広範囲に使用される段階には達していないとして，慎重な取り扱いが求められている（環境省，2005a）。現行の環境会計ガイドラインでは，費用に関しては網羅的に把握できるようになっているが，効果に関しては推定的効果の明確な評価方法が定められておらず，各企業が独自の計算方法で推定せざるをえない状態にある。このため，企業によっては実質的効果のみ計上し，仮定的な計算に基づく推定的効果は計上しない事例も多く見られる。

　たとえば，図表6-2は日立の環境会計を示しているが，費用1,075.9億円に対して効果は140.5億円にすぎない。これは環境保全対策の効果として実収入

■図表6-2　日立の環境会計（2015年度）

費用			効果		
項目	内容	億円	項目	内容	億円
事業所エリア内コスト	環境負荷低減設備の維持管理費，減価償却費など	242.2	実収入効果	廃棄物の分別，リサイクルによる有価物化の推進	72.7
上・下流コスト	グリーン調達費用，製品・包装の回収・再商品化，リサイクルに関する費用	9.7	費用削減効果	高効率機器への更新（照明・電力供給）	67.8
管理活動コスト	環境管理人件費，環境マネジメントシステムの運用・維持費用	59.7			
研究開発コスト	製品・製造工程の環境負荷低減の研究開発および製品設計に関する費用	757.1			
社会活動コスト	緑化・美化などの環境改善費用	4.5			
環境損傷コスト	環境関連の対策費，拠出金，課徴金	2.7			
合計		1075.9	合計		140.5

注：「日立サステナビリティレポート2016」をもとに作成

効果や費用削減効果のように企業内のデータで明確に数値を示すことのできる実質的効果のみが計上されており，企業外部で発生する社会的効果は計上されていないことが原因であるが，環境会計の数値のみを見ると赤字になっており，環境対策はコストに見合った効果が得られていないと誤解を受ける可能性がある。一方，図表6-3は富士通の環境会計を示しているが，費用597億円に対して効果は978億円となっている。環境対策の経済効果に対して，富士通は独自の計算方法で推定的効果も計上しているが，実質的効果120億円に対して推定的効果は858億円にも達しており，推定的効果の評価によって環境会計の結果が大きく影響を受けることを示している。

■図表6-3　富士通の環境会計（2016年度）

項目		主な範囲	費用 （億円）	経済効果 （億円）
事業エリア内	公害防止コスト・効果	大気汚染防止，水質汚濁防止など	46.9	62.3
	地球環境保全コスト・効果	地球温暖化防止，省エネルギーなど	24.5	14.9
	資源循環コスト・効果	廃棄物の処理，資源の効率的利用など	23	99.8
上・下流コスト・効果		製品の回収・リサイクル・再商品化など	8.3	5.3
管理活動コスト・効果		環境マネジメントシステムの整備・運用，社員への環境教育など	26.4	4.9
研究開発コスト・効果		環境保全に寄与する製品・ソリューションの研究開発など	466.9	791
社会活動コスト		環境保全を行う団体に対する寄付・支援など	0.3	－
環境損傷対応コスト・効果		土壌・地下水汚染に関わる修復など	0.8	0.0
合計			597	978.1

注：「富士通グループ 環境報告書 2017」をもとに作成

3　環境対策効果の算定方法

　このように環境会計ガイドラインにおいて推定的効果の計測方法が明確に示

されていないことから，企業や自治体は独自の方法で環境対策の効果を算定し，環境会計の効果として計上している。環境会計ガイドライン2005年版の参考資料では，各企業の算定方法の整理が行われているが，温暖化対策の効果の算定方法として海外の排出権取引価格を用いる方法，京都議定書で定められた共同実施プロジェクトの経費を用いる方法，国内でのCO_2削減費用を用いる方法，既存の評価事例を用いる方法などが環境会計の効果算定に使われている。このように企業によって算定方法が異なるため，CO_2の削減効果原単位はCO_2 1 トン当たり700円〜13,068円と企業によって大きく異なる数値が用いられており，企業間比較が困難となっている（環境省，2005b）。

　現在，環境会計において推定的効果の計測方法として考えられている方法は，主として(1)対策費用を用いるもの，(2)市場価格を用いるもの，(3)損害額を用いるもの，(4)支払意思額を用いるもの，の4種類に区分することができる。図表6-4はこれらの計測方法の概要を示している。

　第一の対策費用を用いる方法とは，企業が社外で環境対策を実施したときに必要な費用を使って評価する方法である。たとえば，温暖化対策の場合を考えると，途上国に植林することでCO_2を吸収するための費用を計測し，これを用いて企業の温暖化対策の効果を計測する方法などが含まれる。この方法は，比較的容易に計測できるため，いくつかの企業の環境会計において採用されてい

■図表6-4　推定的効果の計測方法

計測方法	内容	特徴	経済理論との整合性
(1)対策費用	企業等の外部で環境対策を実施したときの費用を用いて評価	対策費用が外部に委託するよりも低いことを示すだけであり，経済効果を評価しているわけではない	×
(2)市場価格	排出権価格などの価格情報を用いて評価	価格情報が存在しないと評価できない	△
(3)損害額	環境対策を実施しなかったときに生じる損害額を用いて評価	生態系破壊などの損害額の評価が困難	△
(4)支払意思額	環境対策を実施するために支払っても構わない金額を用いて評価	経済理論に基づいた貨幣尺度	○

る。しかし，この方法では，企業が自社内で環境対策を実施した場合と，社外で実施した場合でどちらのコストが安いかを示すだけであって，環境対策の経済効果を示しているわけではない。たとえば，砂漠地帯のような植林の困難な場所に植林すればするほど植林費用が増大し，これを用いて評価すると企業等の温暖化対策効果も上昇することになる。逆に，気候条件のよい平地に大規模に植林すると植林費用は低下し，これを用いると温暖化対策効果が低下してしまう。

　第二の市場価格を用いる方法とは，環境対策そのものの市場価格を計測したり，あるいは環境対策が市場価格に及ぼす影響を計測することで，環境対策の効果を評価する方法である。たとえば，温暖化対策の場合，二酸化炭素の排出権取引市場における排出権価格を用いることで，環境対策の効果を計測する方法が考えられる。しかし，排出権価格は価格が安定的とは限らず，どの時点の価格を用いるかで評価額が影響を受ける。また生物多様性対策の場合，市場価格が存在しないため評価は困難である。経済理論的には，排出権価格は排出権市場の需要と供給の均衡によって決まるため，環境の価値が一定であっても供給側の要因によって価格が変化することがある。たとえば，途上国で大量の植林が行われて大量の排出権が売却された場合，温暖化に対する社会の価値観は変わらなくても，排出権価格は低下するため，排出権価格を用いて評価すると温暖化対策の経済効果は低下することになる。したがって，排出権価格を用いた評価は，必ずしも環境に対する社会の価値観を反映したものになるとはかぎらない。

　第三の損害額を用いる方法とは，環境対策を実施しなかったときに発生する損害額を算定し，それを環境対策の効果とみなす方法である。たとえば，水質汚染事故が生じると訴訟によって多額の被害額を請求されることが予想されるが，水質汚染対策によってこの訴訟を回避できる。そこで，事故が生じたときの損害賠償額を用いて水質汚染対策の効果とみなす。この方法は，水質汚染など影響の予測しやすいものであれば評価が比較的容易であるが，地球温暖化のように影響の不確実性が高いものについては評価が困難である。また，農作物被害や健康被害など被害が算定しやすい場合は計測可能であるが，野生動物の絶滅や生態系破壊などの被害については被害額が不明なため計測は困難である。

　第四の支払意思額（Willingness to pay: WTP）を用いる方法とは，環境対策にいくらまで支払っても構わないかという金額（支払意思額）を人々にたずねることで，環境対策の効果を算定する方法である。環境が改善されるほど人々の効用が上昇し，それに対応して支払意思額も上昇する。このため経済理論的には支払意思額が環境対策の経済効果として妥当であることが知られている（栗山, 1998）。ただし，人々に支払意思額をたずねるときにアンケートなどを用いると，質問内容が回答に影響する現象（バイアス）がしばしば生じるため，評価の際には注意が必要である。

　以上のように，環境会計に用いられる効果計測の方法には4つの種類があるが，支払意思額が経済理論と最も整合的であり，環境対策の経済効果として最も適切な尺度である。第2章で示したように，環境価値評価は，支払意思額を推定することで環境の価値を評価する手法だが，代表的な評価手法としてはCVM（仮想評価法）とコンジョイント分析がある。以下，それぞれの手法の環境会計への適用可能性について検討する。

4　環境会計とCVM

　CVMは，現在の環境の状態と，環境対策を実施後の状態を回答者に示した上で，環境対策を実施するための支払意思額をたずねることで環境の価値を評価する手法である（栗山, 1997）。CVMは世界各国で2000件以上の研究蓄積が存在し，公共事業の評価や環境規制政策の評価などにも使われている。環境会計にCVMを用いた事例としては，横須賀市，東京電力，岩手県，大阪ガスなどがあるが，ここでは岩手県と大阪ガスの事例を検討しよう。

　岩手県は2002年3月に都道府県レベルとしては始めて環境会計を公表した（岩手県, 2002）。この岩手県の環境会計では，水質対策，有害化学物質対策，森林や農地の多面的機能の保全，生物多様性保護，騒音対策の経済効果を評価する手法としてCVMが用いられている。ここでは，岩手県の水質対策の評価を例にCVMによる経済効果計測の詳細を見てみよう。

　CVMは環境対策を回答者に示した上で，環境対策を実施するためにいくら支払っても構わないかをたずねることで，環境対策の支払意思額を評価する。

岩手県のCVM評価では，岩手県の水質対策として，合併処理浄化槽の設置や下水道などの汚水処理施設の整備の推進，川や湖，海での水質の調査，水質保全に関する啓発などの対策が実施されていることが回答者に示された。また旧松尾鉱山から流れ出る酸性度の強い坑廃水による北上川の水質汚濁を防止するための対策として，中和処理施設による坑廃水処理，露天掘り跡の覆土や植栽，水質や底質の監視などの対策が示された。これらの対策によって，岩手県の河川，湖，海の水質が良好に保たれており，水質汚濁の環境基準達成率は90％となっていることがグラフを用いて示された。そして北上川の水質の推移もグラフによって示された。

　岩手県の水質の現状と環境対策の内容が示された上で，もしもこれらの環境対策が実施されなかった場合，岩手県の水質は対策が実施される前の状況にまで悪化すると予想されることが回答者に伝えられた。そして，岩手県の水質を現在の状態に維持するためにいくらを支払っても構わないかがたずねられた。支払意思額の質問は図表6-5のとおりである。

■図表6-5　岩手県水質評価CVMの設問

　仮に，現在行っているような対策が行われなくなった場合，北上川の水質は，昭和46年以前の酸性度の強い元の状態に戻り，水田が汚染され鮭や白鳥などが見られなくなるなど，農作物や生態系に著しい影響が生じるだけでなく，飲料水としては利用できなくなると考えられます。また，それ以外の川や湖についても，富栄養化などの水質汚濁によって生活環境が著しく悪化すると考えられます。同時に，海の水質も悪化すると予想されます。

　そこで，仮に，現在お納めいただいている税金の中から，<u>1世帯あたり年間X円（月額Y円程度）</u>が，岩手県の川や海の水質を現在のような良好な状態に保つために使用されるとします。あなたのお宅では，このような目的で費用を負担してもよいと思いますか。

　　　　　　　1．はい　　　　　　　2．いいえ

なお，年間X円の部分には，年間5,000円〜25,000円までの5種類の金額のど

れかが入っている。回答者は提示された金額をもとに，この金額を支払っても構わないか否かのどちらかを答える。CVMでは，このように金額を提示してYes/Noのどちらかを選択してもらう二肢選択形式が使われることが多い。「あなたはこの環境対策にいくら支払いますか」というように，支払意思額を直接たずねると，無効回答が極端に増えることが知られている。一般の消費者は商品を購入するときに，いくらまで支払えるかを考えることは少ない。通常は，商品の値段を見たうえで購入するか否かを決定する。したがって，環境対策にいくら支払うかという質問は，通常の消費行動とは異なる質問形式であり，その結果，見慣れない質問に回答者がとまどい，無効回答が増えると考えられる。一方で，金額を提示してYes/Noで回答する二肢選択形式は，値段をもとに購入するか否かを決める消費行動に極めて近く，回答しやすいことから信頼性の高い結果が得られる。

　なお，岩手県のCVM評価では，二回金額を提示する二段階二肢選択形式が採用された。たとえば，最初に5,000円を提示して，Yesと回答したときは8,000円を提示してもう一度Yes/Noをたずねる。逆に最初の5,000円にNoと回答したときは2000円を提示してもう一度Yes/Noをたずねる。このように二回たずねることにより統計的な効率性が高まり，少ないサンプル数でも統計的に有意な結果が得られやすいという利点があることから，二段階二肢選択形式が用いられることが多い。

　岩手県のCVM調査の結果は図表6-6のとおりである。支払意思額は1世帯当たりの金額で中央値である。これに対象世帯数を掛けることで集計が行われた。水質保全の効果は62億8,226万円であった。同様にして有害化学物質対策，森林や農地の多面的機能の保全，生物多様性保護，騒音対策についてもCVMによる評価が行われた。これらの評価額は岩手県における環境会計の経済効果として計上された。

　次に大阪ガスの評価事例について見てみよう。大阪ガスの業務における環境負荷の中で，ガス導管工事で発生する残土を抑制する効果が比較的大きいことが予想されていた。しかし，残土を抑制する効果に関して金銭単位で評価した事例が存在しなかったため，大阪ガスは独自にCVMにより評価を行った。具体的には，残土を抑制することで大阪湾に計画されている海面埋立処分場の建

評価対象	支払意思額（中央値）	受益世帯数	岩手県全体としての支払意思額
水質・北上川清流化対策	13,187円／世帯	476,398世帯	62億8,226万円
有害化学物質対策	12,317円／世帯	476,398世帯	58億6,779万円
農業・農村の多面的機能の保全	11,953円／世帯	476,398世帯	56億9,439万円
森林・林業の多面的機能の保全	12,455円／世帯	476,398世帯	59億3,353万円
生物多様性保護	10,652円／世帯	476,398世帯	50億7,459万円
騒音対策	7,481円／世帯	39,460世帯	2億9,521万円

出典：岩手県『岩手県環境会計　平成14年2月』

設を延期し，それに伴い水質汚染やその他の環境影響を回避するシナリオが設定された（大阪ガ，2002）。そして埋立処分対象自治体の738万世帯を対象地域と想定し，CVM調査が行われた。

　対象地域の1,656世帯にアンケートが配布され，610世帯から回収された。有効回答212件の分析をもとに地域住民の支払意思額を推定したところ世帯当たり年間11,902円の結果が得られた。これをもとに残土1トンの処分を抑制する環境保全価値の原単位として1トン当たり22,128円を算出した。この評価額をもとに2001年度の残土抑制量を乗じて残土抑制の環境保全効果として約17億円の結果を算定した。CVMにより算定された原単位はその後の環境会計でも使用されている。図表6-7は2016年度の大阪ガスの環境会計における経済効果を示したものだが，残土最終処分量対策の経済効果が大きいことを示している。

　このようにCVMを用いることで，様々な環境対策の経済効果を計測し，環境会計の効果の中に計上することができる。CVMは評価対象の範囲が広く，水質汚染防止，大気汚染防止，騒音対策，有害物質対策などの地域的な環境問題だけではなく，地球温暖化防止，生物多様性の保全，熱帯林保全などの地球環境問題まで評価可能である。

　ただし，CVMはアンケートを用いるため，アンケート票の質問内容が回答に影響を及ぼす現象（バイアス）の生じる可能性があることに注意する必要がある。たとえば，「森林の保全」という表現を用いると，回答者によっては近所の里山を思い浮かべる人もいれば，熱帯林を思い浮かべる人もいるかもしれない。これまでの研究では，CVMには多数のバイアスが存在することが知ら

■図表6-7　大阪ガスの環境会計における経済効果（2016年度）

項目	経済効果（百万円）
NOx（製造所）：都市ガス事業でのNOx排出実績	12
COD（製造所）：製造所全体でのCOD実績	13
CO_2（製造所）	151
CO_2（事務所）	143
残土最終処分量	1,093
一般廃棄物処分量	4
産業廃棄物処分量（廃ガス機器等含む）	173
合計	1,589

注：大阪ガスウェブサイト掲載情報より作成

れているが，多くのバイアスは調査票設計を慎重に行うことで回避可能である（Mitchell and Carson, 1989）。CVM調査を行う際には，調査票設計に関する先行研究を参照するとともに，予備調査によりバイアスが生じていないかを確認することが不可欠である。

5　環境会計とコンジョイント分析

　コンジョイント分析は，CVMと同様にアンケートを用いて環境対策の経済効果を評価するが，複数の環境対策を回答者に示すことで，環境対策の構成要因別に経済価値を分解して評価できるという利点を持っている（栗山，2000b）。企業の環境対策には，温暖化対策，廃棄物対策，水質汚染対策，大気汚染対策など様々なものが含まれるが，コンジョイント分析を用いることで個々の対策別に環境対策の経済効果を分解することが可能となる。したがって，環境会計において環境対策の経済効果を評価する際にはコンジョイント分析が有効であると考えられる。

　環境会計にコンジョイント分析を用いた事例としては，独自にコンジョイント分析を実施した事例（リコー）とLCA統合指標のLIMEを用いた事例（東芝，関西エアポート，神戸市，京都市上下水道局など）が存在する。

　リコーは投資家の視点から環境対策の経済効果をコンジョイント分析により推定した結果を2001年度の環境報告書において公表した。このコンジョイント

分析は，リコーの担当者と研究者が共同で実施したものである。評価結果は，2001年度の環境対策コスト59億円に対して環境対策効果は66億円となった。この投資家を対象としたコンジョイント調査の詳細は第5章を参照されたい。また，リコーは2002年度の環境報告書にて環境保全型製品の価値をコンジョイント分析で推定した結果も掲載している。なお，リコーはコンジョイント分析を用いた独自の方法で環境対策効果を算定し，環境保全効果には企業内部で発生する私的効果だけではなく，企業外部で発生する社会的効果が高いことを示したものの，コンジョイント分析による評価には専門知識が必要であり，企業が単独で評価を行うことは容易ではない。リコーの場合は，環境経済学や環境経営学の研究者と共同でコンジョイント分析を実施することで独自の評価が可能となったが，コンジョイント分析で独自に評価を行うためには，研究者との連携は不可欠であろう。

一方，LIMEは様々な環境負荷の影響を統合する際にコンジョイント分析を用いて金銭換算しているため，LIMEを用いることで企業の様々な環境対策の経済効果を金銭単位で評価することが可能となる（LIMEの詳細は第4章を参照）。LIMEを用いると，自社の環境負荷抑制量を入力するだけで環境保全効果の金銭換算が行われるため，独自にコンジョイント分析のアンケート調査や統計分析を行う必要は生じない。たとえば，図表6-8は関西国際空港の環境保全効果を示したものだが，環境負荷抑制量として全窒素（T-N）と窒素酸化物（NOx）を計測したものに対してLIMEを用いて金額換算を行っている。

また図表6-9は京都市水道事業・公共下水道事業の環境会計を示しているが，同様に環境負荷抑制量を計測したあとにLIMEを用いて金額換算して経済効果を算定している。たとえば，公害の防止については悪臭の防止，ばいじんの排出抑制量，硫黄酸化物の排出抑制量，塩化水素等の排出抑制量を計測し，それらをLIMEで金額に換算している。その結果，環境保全コスト9.54億円に対して，環境保全効果は企業内部で発生する内部経済効果が11.21億円，企業外部で発生する外部経済効果が3.39億円と算定されている。

このように，コンジョイント分析を用いることで，大気汚染や水質汚染などの公害防止，温暖化対策，廃棄物対策などの環境対策別に経済効果を評価することが可能となる。これにより，環境対策別に費用と効果を比較することが可

■図表6-8　関西国際空港の環境保全効果（2015年度）

環境保全効果	環境負荷抑制量	金額換算
浄化センター	T-N: 77.32 トン	6百万円
クリーンセンター	NOx: 34.27 トン	6百万円

注：関西エアポート「関西国際空港スマート愛ランド推進レポート2016」をもとに作成

■図表6-9　京都市水道事業・公共下水道事業の環境会計（2015年度）

分類	取組の内容	環境影響	環境保全コスト（百万円）	内部経済効果（百万円）	外部経済効果（百万円）
事業エリア内コスト	公害の防止	周辺環境，大気汚染，酸性雨，生体毒性	322	0	249
	環境負荷の抑制	地球温暖化，大気汚染，酸性雨	179	786	39
	資源の有効利用	資源消費，地球温暖化，大気汚染，酸性雨，廃棄物	365	335	44
その他コスト	その他の環境保全	環境問題，地球温暖化	88	－	7
	合計		954	1,121	339

注：京都市上下水道局「水道事業・公共下水道事業　環境報告書2016」をもとに作成

能となり，経営者の環境戦略の意思決定に重要な情報を提供することができる。また，環境対策の経済効果を企業内部で発生する内部効果と企業外部で発生する外部効果に分解することが可能となるため，企業利益という視点だけではなく，社会的貢献という視点からも企業の環境対策を評価することが可能となる。

　コンジョイント分析は，このように環境対策の要因別に経済効果を評価できるという利点があることから注目を集めているが，一方で現状では残された課題も多い。第一に，コンジョイント分析はCVMと同様にアンケートを用いることから，バイアスの影響を受ける可能性がある。CVMにおいてはバイアスを検証した実証研究が多数存在するが，コンジョイント分析においても同様の検証が必要である。第二に，コンジョイント分析を実施するためには，プロファイルデザインや統計分析に関する高度な知識が必要であり，企業の担当者が単独で調査を実施することは困難な状況にある。LIMEを用いれば，新たにコンジョイント調査を実施することなく環境対策の経済効果を対策別に評価す

ることは可能だが，LIMEで扱われていない環境負荷を評価するためには独自にコンジョイント調査を行う必要がある。

6 今後の課題

本章では，環境会計に環境価値評価を適用することの可能性を検討した。その結果を整理すると，以下のとおりである。

第一に，現行の環境会計ガイドラインでは，環境対策コストについては網羅的に集計できるものの，環境対策の経済効果に関しては，環境保全効果の経済価値を評価する方法については現状では実務上広範囲に使用される段階には達していないとして，慎重な取り扱いが求められている。このため，環境対策の経済効果が過小に評価される傾向にある。

第二に，これまでの環境会計では，環境対策の経済効果の計測尺度として，対策費用，市場価格，損害額，そして支払意思額の4種類の方法が使われている。しかし，これらの中で最も経済理論と整合的なものは支払意思額であり，それ以外は経済理論とは必ずしも整合的とはいえない。支払意思額は，環境対策による効用変化を正しく反映できる貨幣尺度であり，経済理論的には，環境対策の経済効果を計測する尺度として最も適したものである。

第三に，評価事例としては，CVMとコンジョイント分析を環境会計に応用した事例について検討を行った。岩手県と大阪ガスの事例では，環境対策の経済効果を住民の視点からCVMにより評価していた。一方，リコーでは環境対策の経済効果を投資家や消費者の視点からコンジョイント分析により評価していた。また関西国際空港や京都市上下水道局ではLIMEを用いることで環境対策の経済効果の貨幣換算を行っていた。いずれの事例も企業や自治体が実施した様々な環境対策の効果を金銭単位で評価可能であることを示していた。

第四に，環境価値評価を環境会計に応用することで環境対策の内部効果と外部効果の両方を把握することが可能となる。環境対策の経済効果を集計するとき，確実な根拠に基づいて算出される経済効果（実質効果）に限定すると，企業内部で発生する内部効果は評価が可能であるものの，企業外部で発生する外部効果を計測することは困難である。これに対して，環境価値評価を用いると，

環境対策の内部効果だけではなく，外部効果も評価できることから，企業や自治体等の環境対策の社会的貢献としての役割を消費者，投資家，労働者，地域住民などのステークホルダーに対して示すことも可能となる。

　以上のことから，環境価値評価を環境会計に応用することの意義と可能性が示されたといえよう。しかし，環境価値評価を環境会計に適用した事例は世界的に見ても多いとはいえず，残された課題は多い。

　第一の課題は，評価額の信頼性の向上とそのための手法の洗練化である。企業等の環境対策の中で温暖化対策や生物多様性対策などの経済効果を評価する必要性が高まっているが，これらは非利用価値を含むためCVMやコンジョイント分析などの表明選好法が必要となる。しかし，これらの手法はアンケートを用いるため，バイアスの影響を受けやすいという欠点がある。CVMについては二肢選択形式のようにバイアスの影響を受けにくい質問形式が開発されているが，コンジョイント分析についてもバイアスを軽減するための改良が求められている。

　第二の課題は，自然資本への対応である。森林，大気，水などの自然環境から私たちは様々な恩恵を無償で受けているが，近年は自然環境を投資の必要な自然資本として捉え，企業に対して自然資本の保全が求められるようになっている（詳細は第8章を参照）。そこで，自然資本の保全コストと保全効果を集計する自然資本会計が注目を集めている。自然資本会計では，自然環境の保全によって得られる経済効果を計上する必要があるが，自然環境の保全効果は企業内部で発生する内部効果は少なく，企業外部で発生する外部効果が大半となる。このため，自然資本会計では環境価値評価を用いて外部効果を計測することが不可欠である。現行の環境会計ガイドラインでは環境価値評価を用いて外部効果を計測する方法が定められていないことから，自然資本会計には独自のガイドラインを設けることが必要であろう。

　第三の課題は，評価結果をいかにして企業経営に反映させるかについて検討することである。環境会計に環境価値評価を導入することで，環境対策の経済効果を明らかにすることができる。だが，評価するだけで持続可能な社会が実現するわけではない。評価された結果を今後の環境対策に反映させなければ，持続可能な社会の実現は不可能である。環境管理会計の手法であるマテリアル

フローコスト会計とLIMEの統合的利用は1つの可能性を示しているが，実際の活用は今後の課題である（國部他，2015）。環境価値評価によって示された評価結果を，企業の経営者，従業員，投資家，消費者，さらにはその他の一般市民がどのように応えていくかが問われているといえよう。

（栗山浩一・國部克彦）

第7章

環境リスクの評価

1　はじめに

　環境リスクとは環境問題に関連したリスクのことである。たとえば，工場が汚染事故を起こして地域住民の健康に影響が生じた場合，工場の操業停止や地域住民への損害賠償などの損失が発生する。このため，企業は，こうした環境リスクを事前に評価し，適切にリスク管理を行うことが求められている。本章では，環境リスクの評価方法と企業経営への応用可能性について検討する。

　第一に，環境リスクの概念について整理を行うとともに，環境リスク評価の必要性について考察する。一般に，汚染事故などにより被害が発生する確率は非常に低く，汚染対策にはコストが必要なことから，企業はリスク対策を怠る傾向にある。だが，ひとたび事故が発生すると企業は多額の損失を被るため，企業は自社が抱えている環境リスクを把握し，事前に対策を行うことが必要である。そのためには，環境リスクを金銭単位で評価し，環境リスク対策のコストと比較することが有効である。

　第二に，死亡リスクの評価方法について検討する。たとえば，有害な化学物質を適切に管理することで，死亡事故などの人的被害を回避することができるが，死亡事故対策の効果を評価するためには，事故対策によって守られる人命の価値を金銭単位で評価する必要がある。ここでは，CVM（仮想評価法）を用いて死亡リスク対策の価値を評価した事例について紹介する。

第三に，環境リスク評価の製品設計への適用について検討する。製品設計においては，環境リスクとその他の製品属性がトレードオフの関係になることがある。たとえば，自動車を例に考えると，エアバッグや緊急時の自動停止機能などの安全装置を充実させることで死亡リスクを低減できるが，一方で車両の重量が増加することで燃費が悪化し，温暖化リスクが増加するかもしれない。軽量な新素材を活用することで安全性と温暖化対策の両方を実現することは可能かもしれないが，車両価格が高くなるだろう。このようなトレードオフの中で最適な製品設計を行うためには，様々な製品属性の中で環境リスク対策の持つ価値を評価することが重要である。ここでは，コンジョイント分析を用いて温暖化リスクと死亡事故リスクを持つ製品を評価した事例を紹介する。

　そして最後に，これらの評価事例をもとに，環境リスク評価の企業経営における役割と今後の課題について検討する。

2　環境リスクとは

　企業に関係する環境問題の多くには不確実性が存在する。たとえば，工場の汚染事故は，いつどのくらいの規模で発生するかを正確に予測することは難しい。また，化学物質による健康被害は，個人によって影響が異なるので健康被害の発生には不確実性が生じる。地球温暖化や生物多様性に関しては，自然科学的に不明な点も多く，将来予測は不確実にならざるを得ない。

　こうした不確実性を持つ環境問題は，たとえ発生する確率が低くとも，ひとたび問題が発生したときは企業には莫大な損失が生じるリスクがある。このような環境に関するリスクは「環境リスク」と呼ばれている（中西, 1995；中西, 2004）。たとえば，1984年にインド・ボーパールで発生した化学工場事故では，工場から有害ガスが排出し，死者1万5,000人以上，被害者50万人以上の被害が発生した。この事故の損害賠償額は4億7,000万ドル（約610億円）であった。また1989年にアラスカで発生したタンカー「バルディーズ」の原油流出事故では，4,200万リットルの原油が流出し，40万羽の海鳥や3,000匹のラッコが死亡した。この事故の漁業被害補償は2億8,700万ドル（380億円），生態系破壊の損害賠償は10億ドル（1,300億円）であった（栗山, 1997）。

　企業は，こうした環境リスクを回避するためには，自社が直面している環境リスクを把握し，適切に対策を取る必要がある。環境リスクは，「事故発生確率」×「発生時の被害」によって定量的に示すことができる（栗山・馬奈木, 2016）。たとえば，工場の汚染事故の場合を考えると，事故が発生する確率は低いとしても，発生したときの被害額が膨大となるため，汚染事故の環境リスクは無視できないものとなる。

　環境リスクの対策には，「事故発生確率」を低下させる方法と，「発生時の被害」を低下させる方法がある。たとえば，工場の汚染事故の場合，工場の設備の安全対策を徹底することで事故発生確率を低下させることができるだろう。また，工場を都市から離れた場所に設置することで，仮に汚染事故が生じたとしても周辺住民への影響を緩和することができるであろう。

　ただし，環境リスクの対策にはコストが必要であることを忘れてはならない。工場の安全対策を徹底するほど安全のための設備費や人件費が上昇する。また，発生時被害を緩和するために工場を都市から離れた場所に設置すると，工場までの輸送コストが増大する。いくら環境リスクの対策が重要だとしても，企業は無限にコストを投じることはできない。したがって，どこまでコストをかけるべきか，そしてどこまで環境リスクを許容すべきかを判断することが企業には求められる。

　そのためには，企業は自社が直面している環境リスクを定量的に評価することが不可欠である。しかも，対策コストと比較するために，環境リスクを金額で評価することが重要である。そのためには，「事故発生確率」を把握するだけではなく，「発生時の被害」を金銭単位で評価しなければならない。「発生時の被害」には健康被害と生態系被害などが含まれるが，これらを把握するためには汚染によって失われる人命の価値や生態系の価値を金銭単位で評価することになる。このため，環境経済学で開発されてきた環境価値評価の手法が環境リスクの把握には必要となるのである。

3　死亡リスクと統計的生命の価値

　企業の直面する環境リスクのうち代表的なものは健康リスクである。高度経

済成長期の頃には，工場が排出した有害物質によって大気や水質が汚染され，地域住民に深刻な健康被害が発生した。今日では，大気汚染や水質汚染に対して環境規制が設けられたことにより，かつてのような深刻な公害問題は少なくなったものの，突発的な汚染事故により健康被害が発生するリスクは，依然として残っている。

　たとえば，排水に含まれる微量な有害物質によって下流住民がガンで死亡するリスクについて考えてみよう。企業は排水対策を行うことで，下流住民の死亡リスクを低下させることが可能である。この排水対策による死亡リスク削減の効果は，どのように評価すべきであろうか。環境経済学では，死亡リスク削減を金銭単位で評価するために「統計的生命の価値（Value of Statistical Life: VSL）」という概念が用いられている（Viscusi, 1993；岡, 1999；竹内, 2002）。統計的生命の価値とは，死亡リスク削減に対する限界支払意思額として定義され，死亡者を1人削減することの価値に相当する。実証研究では限界支払意思額の算出が困難なことが多く，死亡リスクに対する支払意思額を死亡リスク削減幅で割ったものが近似値として使われている（栗山他, 2009）。

　たとえば，現在の下流住民の死亡リスクが10万人に9人の確率で発生するとしよう。これに対して排水対策を行うことで10万人に5人の確率にまで低下させることができるとする。このとき，死亡リスク削減幅は，9/10万 − 5/10万 ＝ 4/10万となる。ここで，この排水対策の支払意思額が1万2,000円とすると，統計的生命の価値＝12,000 ÷（4/10万）＝3億円となる。これは死亡者1人当たりの金額なので，これに対策によって回避される死亡者数を掛けることで対策の効果を算出できる。たとえば排水対策により10人の死亡者を回避できると想定される場合，その効果は30億円となる。このとき排水対策のコストが10億円だとすると，排水対策のコストよりも効果の方が高く，したがって排水対策を実施することが経済効率性の観点から妥当であると判断することができる。このように統計的生命の価値を利用することで，死亡リスク対策の妥当性を定量的に判断することが可能となるのである。

　海外ではこのような統計的生命の価値を評価した実証研究が多数存在し，アメリカ環境保護庁（EPA）は過去の研究例の評価額をもとに，統計的生命の価値を基準年1990年では480万ドル（5.2億円）を採用し，大気浄化法などの環

境規制政策の評価に用いている（岸本, 2005；栗山, 2005a）。国内では評価事例は少ないが，内閣府が交通事故対策をもとに評価した事例では4.6億円となっており，海外の評価額と比較的近い値となっている（内閣府, 2007）。

　統計的生命の価値をもとに死亡リスク対策の効果を評価するためには，死亡リスク対策によるリスク削減幅と支払意思額を調べる必要があるが，死亡リスクが賃金に及ぼす影響をもとに評価する方法（ヘドニック法）と支払意思額を直接たずねる方法（仮想評価法：CVM）が海外では一般的に使われている。国内では統計的生命の価値を評価した事例は少ないが，国内ではCVMが使われることが多い。ここでは内閣府が実施した調査をもとにCVMによって統計的生命の価値を評価する場合について考えよう（この調査の詳細については内閣府（2007）および栗山他（2009）を参照されたい）。

　CVMを用いる場合は，対策を実施する前の死亡リスクと，対策を実施した後の死亡リスクの両方を回答者に提示し，この死亡リスクの変化に対する支払意思額をたずねる。内閣府のCVM調査では，2003年時点での交通事故対策の死亡者数をもとに，対策前の死亡リスクを10万分の6とした。そして事故対策後の死亡リスクは10万分の5（死亡リスク17％削減）と10万分の3（死亡リスク50％削減）の2つを想定し，それぞれの事故対策の支払意思額をたずねている（図表7-1）。また死亡リスクの大きさを回答者に示す際には，「リスクのものさし」を用いて，がんによる死亡リスクと交通事故の死亡リスクを比較した図を回答者に示すことで，リスクの相対的な大きさを理解できるように工夫が行われている。

　支払意思額をたずねる設問では，二段階二肢選択形式が採用された。すなわち最初に提示額T_1円を示してYesまたはNoをたずねる。Yesを回答した場合はより高い金額T_U円を提示し，再度YesまたはNoをたずねる。逆に最初の提示額にNoを回答した場合はより低い金額T_L円を提示し，同様にYesまたはNoをたずねる。そして提示額とYes/No回答の関係を統計的に分析することで支払意思額の推定が行われる。有効回答3,055サンプルのデータをもとに支払意思額の推定が行われた結果，死亡リスク17％削減に対する支払意思額は4,623円に対して，死亡リスク50％削減に対する支払意思額は6,782円であった。これらの支払意思額をリスク削減幅で割ることで統計的生命の価値が算出される。

シナリオ	リスク削減幅	支払意思額（WTP）	統計的生命の価値（VSL）
リスク17%削減	10万分の1	4,623円	4億6,227万円
リスク50%削減	10万分の3	6,782円	2億2,607万円

出典：内閣府（2007）『交通事故の被害・損失の経済的分析に関する調査研究報告書』平成19年3月

たとえば，死亡リスク17%削減の場合は，現在の死亡リスク10万分の6から事故対策により死亡リスクは10万分の5まで減少するため，リスク削減幅は10万分の1である。したがって，統計的生命の価値は4,623円÷10万分の1＝4.6億円となる。これは死亡1人当たりの金額なので，事故対策によって守られる人数を掛けることで対策効果を算出できる。たとえば，事故対策によって1,000人が守られるならば，その効果は約4,600億円となる。

　なお，一般にリスク削減が大きいほど支払意思額は上昇するのに対して，統計的生命の価値は減少することが理論的に示されている（栗山他, 2009）。

　図表7-2はリスク削減幅と統計的生命の価値の関係を示すものである。横軸はリスク削減幅，縦軸は支払意思額の金額である。一般に，支払意思額曲線（WTP）は図のように原点に対して凹の形状となる。これはリスク削減幅が大きくなるほど死亡リスクが低下し，追加的にリスクを削減しても追加的な価値が低下するからである。ここで，対策1と対策2の2つを考える。対策1のリスク削減幅r_1よりも対策2のリスク削減幅r_2が大きいものとする。このとき，図よりそれぞれの支払意思額の間には$WTP_1 < WTP_2$の関係が成立していることがわかる。統計的生命の価値は支払意思額をリスク削減幅で割ったもので評価する。したがって，対策1と対策2の統計的生命の価値は，それぞれ図OAとOBの傾きに相当するが，図より$VSL_1 \geqq VSL_2$の関係が成立していることがわかる。以上のことから，リスク削減幅が大きくなるほど支払意思額（WTP）が上昇するのに対して，統計的生命の価値（VSL）は低下する。

　図表7-1はCVMを用いてリスク17%削減とリスク50%削減の2つのシナリオについて評価した結果を示したものである。CVMの評価結果は，経済理論の予想と整合的な結果となっている。すなわち，リスク削減幅の大きいリスク50%削減の支払意思額6,782円は，リスク17%削減の支払意思額4,623円よりも

■図表7-2　リスク削減幅と統計的生命の価値の関係

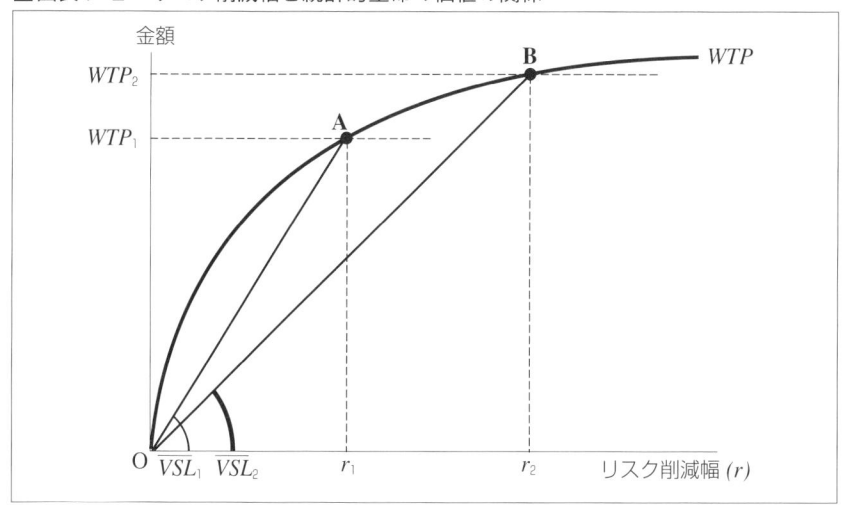

高い。一方，リスク削減幅の大きいリスク50％削減の統計的生命の価値2億2,607万円は，リスク17％削減の統計的生命の価値4億6,227万円よりも低い。これらの差は統計的な誤差の範囲を超えたものであった。

　2つのシナリオのうち，死亡リスク50％削減のシナリオは現実的ではないため，現実性を考慮すると死亡リスク17％削減の評価額（4.6億円）を用いることが望ましい。また，海外の評価額と比較すると，前述のようにアメリカ環境保護庁（EPA）が採用している金額（1990年値で5.2億円）にも近い。しかしながら，政策評価においては，事故対策の費用便益分析を行う際に政策効果を過大評価することを避けるために，あえて低めの金額として死亡リスク50％削減の評価額（2.3億円）が使われることも多い。

4　温暖化リスクと製品設計

　地球温暖化に関する社会の関心が高まったことを背景に，温室効果ガスの排出量を削減するための具体的な対策が企業に求められている。家電メーカーにとっても温暖化対策は重要な課題の1つである。しかし，温暖化対策を行うと，コスト上昇や，製品性能の低下がしばしば生じる。このため，はたして製品価

格の上昇や製品性能の低下が生じたとしても，温暖化対策を実施すべきか否か，という困難な問題が生じている。

たとえば，家庭用冷蔵庫の場合を考えてみよう。今日では多くの家庭用冷蔵庫では温室効果のないイソブタンなどを冷媒に使用したノンフロン冷蔵庫が普及しているが，かつては家庭用冷蔵庫の冷媒にはHFCなどの代替フロンが使われていた。しかし，代替フロンは温室効果ガスの1つであり，フロン回収破壊法により使用後の回収が義務化されているが，完全に回収することは困難であり，大気への代替フロンの排出が問題となっていた。ノンフロン冷蔵庫は温暖化対策として有効と考えられるが，イソブタンは可燃性のため安全性が低下するという問題が生じる。温暖化対策と安全性の両方を実現するためには製品設計の大幅な見直しが必要であり，製品価格が上昇せざるを得ない。ここでは，温暖化対策と安全性のどちらを優先すべきなのか，あるいは製品価格を上昇させてでも温暖化対策と安全性の両者を実現すべきなのか，というトレードオフが存在している。

そこで，環境価値評価の手法の1つであるコンジョイント分析を用いて，家庭用冷蔵庫の温暖化リスクと安全性の評価が行われた（栗山, 2005b）。コンジョイント分析は複数の製品を提示して好ましさを消費者にたずねることで製品属性の価値を推定する手法である（栗山, 1998；鷲田他, 1999；栗山, 2000）。第3章では対立する2つの製品を示してどちらがどのくらい好ましいかをたずねるペアワイズ評定型のコンジョイント分析を用いて環境保全型製品の環境価値を推定したが，ここでは複数の製品を提示して最も好ましいものを選択してもらう選択型実験を用いた。

図表7-3は家庭用冷蔵庫に関するコンジョイント分析（選択型実験）の質問例を示したものである。たとえば，図の場合は，冷蔵庫1では製品価格は13万円，内容積380リットル，消費電力60kW/h，CO_2排出量は標準製品の60%，安全性については事故の危険性は高い。同様に冷蔵庫2，冷蔵庫3，および標準製品が示されている。この中で最も好ましい製品を選んでもらう。提示された製品属性と回答結果を統計的に分析することで，属性単位の満足度（部分効用）を推定する。

図表7-4は，このコンジョイント分析で用いられた属性と水準を示してい

■図表7-3　コンジョイント分析（選択型実験）の質問例

つぎに，以下のように４種類の家庭用冷蔵庫が店頭に並んでいるとします。

	1	2	3	標準製品	
価格	13万円	18万円	15万円	13万円	
内容積	380リットル	380リットル	400リットル	380リットル	
消費電力量	60kWh/月 (1,380円/月)	60kWh/月 (1,380円/月)	70kWh/月 (1,610円/月)	51kWh/月 (1,173円/月)	どれも 好ましく ない
地球温暖化 ガス排出量	標準製品の 60%	標準製品の 60%	標準製品の 80%	年間0.30トン	
事故の危険性	高い	ほとんど ない	低い	ほとんど ない	
	☐	✓	☐	☐	☐

　たとえば１番目の冷蔵庫は，地球温暖化ガス排出量は標準製品の60%ですが，事故の危険性が高くなっています。２番目の冷蔵庫は，事故の危険性はほとんどありませんが，値段が18万円と高くなっています。
　次ページ以降に示す（No.1－No.8）冷蔵庫について，<u>あなたが一番好ましいと思うものにそれぞれ１つずつチェックをつけてください</u>。どれも好ましくないときは，「どれも好ましくない」にチェックをつけてください。

■図表7-4　属性および水準一覧

属性	水準1	水準2	水準3	水準4
価格	11万円	13万円	15万円	18万円
容量	310リットル	360リットル	380リットル	400リットル
電気料金	1,035円/月	1,173円/月	1,380円/月	1,610円/月
kWh/月	45	51	60	70
温暖化	120%	100%	80%	60%
危険性	危険性は高い	危険性は低い	ほとんどない	

る。調査時点で発売されていた家庭用冷蔵庫の属性と水準をもとに設定が行われた。温暖化対策は製品の素材製造，製品加工，流通，使用，廃棄・リサイクルというライフサイクルの全段階を通したCO_2排出量が用いられた。また，回答者の理解を助けるため，標準製品との比率（120%，100%，80%，60%）が使われた。安全性は，調査時点での冷蔵庫の事故確率と，冷媒を温室効果のな

いノンフロンに変更したときの事故確率をもとに，「危険性はほとんどない」，「危険性は低い」，「危険性は高い」の3種類とした。「危険性はほとんどない」の事故確率は調査時点の冷蔵庫の事故確率（日本全国の冷蔵庫で年間2台）とした。また，「危険性は低い」の場合は年間10台，「危険性は高い」は年間150台に相当するとした。なお，いずれも事故は物損事故である。死亡事故に関しては，いずれの場合も10年間で1台以下である。

この属性と水準を用いて製品プロファイルの設計が行われた。プロファイル設計はSawtooth社のCBC（Choice Based Conjoint）が用いられた。CBCは選択型コンジョイント専用のソフトウェアである。CBCを用いて全部で64種類の選択型質問を作成し，これを8つのバージョンに分割し，1人につき8回質問を行う質問票を作成した。

このコンジョイント分析の調査は1999年11月に実施された。調査方法は会場調査である。すなわち，調査対象者を会場に誘導し，調査員が面接調査を実施する方式である。調査対象者は，家庭用冷蔵庫を購入する年齢層を考慮して30歳－59歳の既婚男女とした。ただし，年代別に偏らないように調整を行った。サンプリング方法はモールインターセプトである。これは調査員がランダムに通行人に調査を依頼し，調査条件に見合う対象者を会場に誘導する方法である。調査地点は東京・銀座7丁目周辺であり，104人から回答が得られた。

アンケートで冷蔵庫の安全性についてたずねたところ，「どんな事故でも事故の可能性のある冷蔵庫は絶対に購入しない」が全体の76％を占めていた。また，安全性，温暖化対策，値段のどれを一番重視するかをたずねたところ，安全性が70％と最も高い比率となった。これらのことから，消費者は安全性に対して高い関心を持っていることがわかった。

コンジョイント分析の推定結果は**図表7-5**のとおりである。係数は各属性が1単位増加したときの効用変化を示す。たとえば，価格が1万円上昇したときに効用は－0.0856だけ低下する。符号がマイナスなので，価格が上昇すると効用が低下することを意味する。その他の属性についても，容量はプラス，電気料金と温暖化ガス危険性はマイナスとなっており予想通りの結果となっている。危険性が高いときの係数は－3.2461なのに対して，危険性が低いときは－1.2360となっており，危険性が高いほど効用が低くなることを示している。

■図表7-5　コンジョイント分析推定結果

属性		係数	t値	p値
価格	万円	−0.0856	−3.91	0.00
容量	リットル	0.0159	11.89	0.00
電気料金	千円	−0.8161	−3.09	0.00
温暖化ガス	％	−0.0319	−11.03	0.00
危険性高		−3.2461	−12.11	0.00
危険性低		−1.2360	−10.12	0.00
n		832		
LogL		−1034.4		

■図表7-6　限界支払意思額

容量	1,859	円／リットル
電気料金の改善	95	円／円
温暖化対策	1,066	円／kg
危険性高	−379,209	円
危険性低	−144,390	円

　この推定結果をもとに限界支払意思額を算出した結果は図表7-6のとおりである。温暖化対策はCO_2を1kg削減することに対して支払っても構わない金額は1,066円であった。一方，危険性については，危険性の高い製品は，379,209円だけお金を受け取らないと，通常の製品と同じ効用が得られないことを意味する。したがって，消費者は危険性を非常に重視しているといえる。

　コンジョイント分析の推定結果をもとにノンフロン冷蔵庫の市場シェアを予測した。ここでは2種類のシナリオについて予測を行った。第一のシナリオでは，冷媒の温暖化対策は行うが，価格を標準製品と同じ水準にするために製品の安全性が低下した場合である。一方の第二のシナリオでは，冷媒の温暖化対策を行うと同時に安全性対策を実施して標準製品と同じ安全性を維持するが，代わりに製品価格が上昇した場合である。いずれの場合も，温暖化対策，安全性対策，製品価格のトレードオフの関係を見るために，それ以外の属性はすべて標準製品と同一とした。

　図表7-7は温暖化対策を優先した第一のシナリオの市場シェアの予測結果を示したものである。製品価格は標準製品と同水準に維持されているが，消費

■図表7-7　シナリオ1の市場シェア（温暖化対策優先）

	標準製品	温暖化対策
価格	13万円	13万円
容量	380リッル	380リッル
電気料金	51kWh/月 1,173円/月	51kWh/月 1,173円/月
温室効果ガス	100%	90%
危険性	ほとんどない	低い
市場シェア	71.4%	28.6%

■図表7-8　シナリオ2の市場シェア（温暖化・安全対策）

	標準製品	温暖化・安全対策
価格	13万円	15万円
容量	380リッル	380リッル
電気料金	51kWh/月 1,173円/月	51kWh/月 1,173円/月
温室効果ガス	100%	90%
危険性	ほとんどない	ほとんどない
市場シェア	46.3%	53.7%

者は製品の安全性を重視しているため，安全性に劣るノンフロン冷蔵庫は消費者に受け入れられず市場シェアは28.6%にすぎない。一方，温暖化対策と安全性を考慮したシナリオ2では，図表7-8のようにノンフロン冷蔵庫の製品価格が標準製品よりも2万円も上昇しているにもかかわらず，市場シェアは53.7%と半分以上を占めている。以上のことから，温暖化対策と製品安全性のトレードオフが存在する場合には，安全性を犠牲にして温暖化対策を実施しても消費者には受け入れられないが，安全性が考慮されるならば高い価格でも消費者に受け入れられることが可能である。このようにコンジョイント分析を用いることで製品の環境リスクを考慮したときの市場シェアの予測が可能となるのである。

5　おわりに

　本章では，環境リスクの評価方法と企業経営への応用可能性について整理を行った。第一に，環境リスク評価の必要性について考察した。汚染事故などにより被害が発生する確率は低い場合であっても，ひとたび事故が発生すると企業は多額の損失を被る危険性がある。したがって，企業は自社が抱えている環境リスクを把握し，事前に対策を行うことが重要である。とりわけ，環境リスク対策には費用が生じることから，環境リスク対策の効果を金銭単位で評価することが有効と考えられる。

　第二に，死亡リスクの評価方法としてCVMの適用可能性について検討した。CVMを用いることで，事故対策により死亡リスクを削減することに対する支払意思額を評価し，1人の死亡を回避することの価値として統計的生命の価値を算出することができる。このため国内外でCVMを用いて死亡リスクの評価を行う実証研究が進められており，海外では死亡リスク対策の政策評価を行うための基準値も設定されている。

　第三に，製品設計に対して環境リスク評価を適用する方法としてコンジョイント分析を取り上げた。ノンフロン冷蔵庫は温室効果のないイソブタンなどを冷媒に使用するため温暖化対策として有効と考えられている。しかし，ノンフロン冷蔵庫の冷媒は可燃性であるため発火事故のリスクが発生する。事故対策により安全性を確保すると製品価格が上昇することになる。そこで，コンジョイント分析を用いて温暖化対策，安全性対策，製品価格などの製品属性の価値を評価した。その結果，消費者は製品の安全性を重視しており，安全性を犠牲にして温暖化対策を実施した製品を販売しても消費者には受け入れられないことが示された。一方，温暖化対策を実施した製品が安全性も考慮されているならば高い価格でも消費者に受け入れられ，従来の製品を上回る市場シェアを獲得できることが示された。

　最後に環境リスク評価に関する今後の課題について考察しよう。第一の課題は，評価結果の信頼性を検証することである。たとえば，死亡リスク評価ではCVMが使われることが多いが，CVMはアンケートを用いて支払意思額をたず

ねることから，調査票や調査手順に不備があると回答が影響を受けて「バイアス」と呼ばれる現象が発生することが知られている。したがって，CVMによって環境リスクを評価する場合は，評価結果の信頼性を検証することが重要である。海外では死亡リスクの評価事例が多数存在し，データベースが構築されているため既存の評価結果と比較することが可能であり，評価額が先行事例と極端に異なっていないかどうかが検証可能となっている（OECD, 2012）。一方，国内では環境リスクをCVMで評価した事例が少なく，データベースも存在しないため比較が困難な状況にある。今後は，CVMによる環境リスク評価の実証研究を進めるとともに，評価額のデータベースを構築し，評価額の信頼性を検証できるような環境を整備することが必要であろう。

　第二の課題は，生態系リスクの評価である。近年，生物多様性に対する社会の関心が高まったことから，企業に対しても生物多様性保全対策が求められている。たとえば，工場で汚染事故が発生し，地域住民の健康被害が生じなかったとしても，工場周辺の生態系が影響を受けて絶滅危惧種の野鳥が死亡した場合は，深刻な問題に発展する危険性がある。このため，企業が抱えている生態系リスクに関しても事前に評価する必要性が高まっているが，生態系リスクに関しては自然科学的にも不明なことが多く，生物多様性保全対策の経済評価は，その必要性に反して研究が遅れている。そこで，次章では生物多様性の経済評価と環境経営について海外での取り組みを展望するとともに，今後の課題について検討しよう。

（栗山浩一・稲葉敦）

第 **8** 章

自然資本と環境経営

1 生物多様性と企業経営

　世界的規模で生物多様性が急速に失われており，生物多様性の保全が緊急の課題となっているが，生物多様性保全における企業活動の役割に関心が集まっている。生物多様性に関して企業にはリスクとビジネスチャンスの両方が存在する。多くの企業は，土地・水・鉱物・木材・石油などの自然資源に依存して企業活動を行っており，自然資源が利用できなくなると企業活動が困難となるリスクを抱えている。また，汚染事故などにより工場周辺の自然環境が汚染された場合は，工場の操業停止や地域住民による訴訟のリスクも存在する。

　一方，生物多様性の保全は，企業にとって新たなビジネスチャンスでもある。たとえば，生物多様性を保全するためには，失われた森林や湿原の再生が必要となるが，都市の企業が単独で自然再生を実現することは困難である。そこで，企業と農山村が連携することで自然再生を行うことが新たなビジネスとして成立する可能性が生まれるだろう。

　このように生物多様性をめぐって企業のリスクとビジネスチャンスが拡大する中で，世界的に生物多様性と企業経営に関する議論が急速に進展している。とりわけ，自然環境を「自然資本」として認識し，企業経営の基盤を構成する資本の1つとして位置付ける取り組みが急速に広まっている。本章では，国内外における生物多様性と企業経営に関するこれまでの議論を展望するとともに，

自然資本に対して企業が果たすべき役割と今後の課題について検討を行う。

■図表8-1　生物多様性とビジネスに関する近年の動向

生物多様性条約	
2006年3月	COP8 民間参画（決議Ⅷ/17）
2008年5月	COP9 ビジネス参画推進（決議Ⅸ/26）
2010年10月	COP10 愛知目標
2012年10月	COP11 ビジネスと生物多様性（決議Ⅺ/7）
2014年10月	COP12 事業者の参画（決議Ⅻ/10）
2016年12月	COP13 農林水産業・観光業と生物多様性（決議ⅩⅢ/3）
TEEB（生態系と生物多様性の経済学）	
2008年5月	「生態系と生物多様性の経済学」中間報告書を公表
2010年7月	「ビジネスのための生態系と生物多様性の経済学」概要版を公表
2012年1月	「ビジネスと企業のための生態系と生物多様性の経済学」正式版を公表
パートナーシップ	
2005年	オランダのLeaders for Nature設立
2005年	フランスのAssociation Orée設立
2008年	カナダのCanadian Business and Biodiversity Council設立
2008年	ドイツの 'Biodiversity in Good Company' Initiative設立
2008年	企業と生物多様性イニシアティブ（JBIB）設立
2009年8月	環境省が生物多様性民間参画ガイドラインを公表
2010年5月	生物多様性民間参画パートナーシップ設立
2010年	欧州連合のThe EU Business and Biodiversity Platform（B@B）設立
環境認証	
1993年10月	FSC設立
1999年6月	PEFC設立
2003年6月	SGEC設立
生態系サービス支払（PES）	
2010年10月	OECDがPESの事例を集めた報告書を公表
生物多様性オフセット	
2004年11月	BBOP設立
2012年1月	生物多様性オフセットの基準を公表
2012年6月	生物多様性オフセットのハンドブックを公表
評価手法	
2005年9月	産業総合研究所がLIMEを公表
2010年11月	産業総合研究所がLIME2を公表

2010年12月	EU理事会が欧州委員会（EC）に製品のライフサイクル全体での環境負荷を定量的に把握するための手法の構築を要請
2011年4月	WBCSDが企業のための生態系評価ガイド（CEV）を公表
2011年11月	PUMAが環境損益計算書を公表
2012年2月	WRIが企業のための生態系サービス評価（ESR）を公表
2012年8月	欧州委員会（EC）が製品と組織に関する環境フットプリントの最終報告書草案を公表
2013年4月	WBCSDが生態系評価と企業の意思決定を支援するツールをレビューした報告書を公表
2013年12月	TEEBが生物多様性の価値評価データベースに関する報告書を公表
2015年8月	WBCSDがビジネスのための水資源の価値評価に関する報告書を公表
2015年9月	持続可能な開発目標（SDGs）が国連持続可能な開発サミットで採択

自然資本

2012年11月	ビジネスのためのTEEB連合設立
2012年6月	UNEP FIが自然資本宣言を提唱
2013年2月	TEEBが自然資本と水・湿地に関する報告書を公表
2013年4月	TEEBがリスクにさらされている自然資本を公表
2013年12月	TEEBが自然資本会計と水質に関する報告書を公表
2014年	ビジネスのためのTEEB連合が自然資本連合に改名
2014年6月	自然資本連合が自然資本の価値評価に関する報告書を公表
2014年9月	東芝が自然資本会計を公表
2015年6月	CDSBが環境情報と自然資本に関する情報開示のためのCDSBフレームワークを公表
2016年1月	環境省が自然資本会計に関する報告書を公表
2016年7月	自然資本連合が自然資本プロトコルを発表

2　生物多様性とビジネスに関する国際的枠組み

　生物多様性とビジネスの関係については，生物多様性条約において国際的な議論が行われている。2006年3月にブラジルのクリチバで開催された生物多様性条約第8回締約国会議（COP 8）で「民間参画決議（Ⅷ/17）」が採択され，生物多様性に対する民間企業の取り組みの必要性が認識されるようになった。2008年5月にドイツのボンで開催された生物多様性条約第9回締約国会議（COP 9）では「ビジネス参画推進決議（Ⅸ/26）」が採択されるとともに，「ビ

ジネスと生物多様性イニシアティブ」が設立された。

　そして2010年10月に名古屋市で開催された生物多様性条約第10回締約国会議（COP10）で採択された「愛知目標」では，目標4においてビジネスの取るべき行動として自然資源の利用の影響を生態学的限界の十分安全な範囲内に抑えることが明記された。2012年10月にインドのハイデラバードで開催された第11回締約国会議（COP11）では「ビジネスと生物多様性（決議XI/7）」が採択された。この決議では，原料調達から消費までのサプライチェーン全体での取り組みや，経営活動における生物多様性と生態系サービスの価値評価の推進などの具体的な対策が提示されている。このように，生物多様性条約の議論においてビジネスの役割が重視されるようになった。

　その後，2014年10月に韓国ピョンチャンで開催された第12回締約国会議（COP12）では愛知目標の中間評価が行われたが，ビジネスに関しては「事業者の参画（決議XII/10）」が採択され，生物多様性保全におけるビジネスの重要性が再認識された。2016年12月にメキシコ・カンクンで開催された第13回締約国会議（COP13）では生物多様性保全において農林水産業・観光業を含む様々なセクターの重要性が注目された（決議XIII/3）。

　一方，2007年に開始された「生態系と生物多様性の経済学（The Economics of Ecosystem and Biodiversity，通称TEEB)」においても生物多様性とビジネスの関係が議論されている。TEEBは，生物多様性の損失が生じている背景として生物多様性の価値が社会に認識されていない点に着目し，生物多様性の価値評価を重視しているところに特徴がある。TEEBは2008年に中間報告書を公表した後，2010年には行政，地方自治体，ビジネスを対象とする報告書をそれぞれ公表した。

　TEEBのビジネス対象の報告書は2010年7月に要約版が公表された後，2012年1月に正式版が公表された（TEEB, 2012）。この報告書では，生物多様性に関してビジネスにはリスクとチャンスが存在することが個々の産業別に示された。生物多様性に関するリスクについては，原料調達，製造，流通，消費，廃棄までのライフサイクル全体を通して生物多様性の価値に対する影響を把握することの重要性が示されている。また，企業が生物多様性の保全に貢献する具体的な方法として，環境認証，生態系サービス支払，生物多様性オフセットな

■図表8-2　持続可能な開発目標（SDGs）の17目標

目標1（貧困）	あらゆる場所のあらゆる形態の貧困を終わらせる。
目標2（飢餓）	飢餓を終わらせ，食料安全保障及び栄養改善を実現し，持続可能な農業を促進する。
目標3（保健）	あらゆる年齢のすべての人々の健康的な生活を確保し，福祉を促進する。
目標4（教育）	すべての人に包摂的かつ公正な質の高い教育を確保し，生涯学習の機会を促進する。
目標5（ジェンダー）	ジェンダー平等を達成し，すべての女性及び女児の能力強化を行う。
目標6（水・衛生）	すべての人々の水と衛生の利用可能性と持続可能な管理を確保する。
目標7（エネルギー）	すべての人々の，安価かつ信頼できる持続可能な近代的エネルギーへのアクセスを確保する。
目標8 （経済成長と雇用）	包摂的かつ持続可能な経済成長及びすべての人々の完全かつ生産的な雇用と働きがいのある人間らしい雇用（ディーセント・ワーク）を促進する。
目標9（インフラ，産業化イノベーション）	強靱（レジリエント）なインフラ構築，包摂的かつ持続可能な産業化の促進及びイノベーションの推進を図る。
目標10（不平等）	各国内及び各国間の不平等を是正する。
目標11 （持続可能な都市）	包摂的で安全かつ強靱（レジリエント）で持続可能な都市及び人間居住を実現する。
目標12（持続可能な生産と消費）	持続可能な生産消費形態を確保する。
目標13（気候変動）	気候変動及びその影響を軽減するための緊急対策を講じる。
目標14（海洋資源）	持続可能な開発のために海洋・海洋資源を保全し，持続可能な形で利用する。
目標15（陸上資源）	陸域生態系の保護，回復，持続可能な利用の推進，持続可能な森林の経営，砂漠化への対処ならびに土地の劣化の阻止・回復及び生物多様性の損失を阻止する。
目標16（平和）	持続可能な開発のための平和で包摂的な社会を促進し，すべての人々に司法へのアクセスを提供し，あらゆるレベルにおいて効果的で説明責任のある包摂的な制度を構築する。
目標17（実施手段）	持続可能な開発のための実施手段を強化し，グローバル・パートナーシップを活性化する。

注：外務省資料をもとに作成

どにより，新たな市場を創設することが提案されている。

生物多様性条約とTEEBの議論では，生物多様性とビジネスの関係について

共通した点が多い。第一に，どちらも生物多様性保全においてビジネスが重要な役割を持っていることを重視している。第二に，企業に対して生物多様性の保全への参画を求めるだけではなく，生物多様性に対する新たな市場を創設することで，保全活動そのものが新たなビジネスチャンスとなることを重視している。そして第三に，生物多様性の経済価値を評価し，サプライチェーンやライフサイクル全体で企業活動がもたらす影響を把握することの必要性が認識されている。

また2015年9月に国連持続可能な開発サミットで採択された「持続可能な開発のための2030アジェンダ」には「持続可能な開発目標（SDGs）」が記載された。SDGsは持続可能な社会を実現するための2016年から2030年までの国際目標であり，17の目標と169のターゲットにより構成されている。SDGsの目標の多くは環境関連のものであり，とりわけ目標6（水・衛生），目標13（気候変動），目標14（海洋資源），目標15（陸上資源）は生物多様性と関連の高い目標である。また，目標12（持続可能な生産と消費）では企業が持続可能性に関する情報を定期的に公表することがターゲットで求められている。これを受けて国内でもいくつかの企業がSDGsへの取り組みを開始している。

3 世界各地での具体的な取り組み

生物多様性条約やTEEBによる国際的枠組みでの議論と平行して，生物多様性とビジネスに関する具体的な取り組みが世界各地で進展している。

第一の取り組みとしては，生物多様性保全にビジネスが参画するためのパートナーシップが世界各地で設立されている。たとえば，オランダのLeaders for Nature（2005年設立），フランスのAssociation Orée（2005年設立），カナダのCanadian Business and Biodiversity Council（2008年設立），ドイツの'Biodiversity in Good Company' Initiative（2008年設立），欧州連合のThe EU Business and Biodiversity Platform（B@B）（2010年設立）などがある。国内では「企業と生物多様性イニシアティブ（JBIB）」が2008年に設立され，2017年4月の時点で45社が参画している。2009年8月には環境省が「生物多様性民間参画ガイドライン」を公表し，民間企業が生物多様性保全に取り組むた

めの具体的な手順が示された。2010年5月に設立された「生物多様性民間参画パートナーシップ」には467団体が加入している。こうした民間企業のパートナーシップは，多くの民間企業が生物多様性に対する関心を高めるきっかけとなっている。

　第二の取り組みとしては，生物多様性に関する環境認証が進められている。環境認証とは，環境対策が適切に行われている製品を認証し，認証されたことを示すラベルを貼ることで，通常の製品と環境対策が行われた製品を識別する制度のことである。

　たとえば，森林に関する環境認証には，世界自然保護基金（WWF）が中心となって1993年に設立された「森林管理協議会（FSC）」が森林管理に対して認証を行う森林管理認証と林産物の加工・流通に対して認証を行うCoC認証を行っており，2016年末の段階での認証森林面積は1億9,409万haである。またヨーロッパを中心に1999年に設立されたPEFC森林認証プログラムは世界31カ国の森林認証制度との相互認証を行っており，2016年末の認証森林面積は3億157万haとなっている。

　FSCおよびPEFCの森林認証はヨーロッパを中心に普及が進んでおり，認証森林の割合はスウェーデン85％，フィンランド80％，ドイツ75％，オーストリア77％，カナダ53％，アメリカ15％となっているが，日本の認証森林はわずか2％にすぎない。森林認証を取得するためにはコストが必要だが，日本は大規模な森林所有者が少なく，取得コストの負担が難しい。このため，日本独自の森林認証制度として緑の循環認証会議（SGEC）が2003年に設立された。近年はこのSGECの認証面積が増加傾向にあるものの，それでも海外に比べると日本の森林認証の普及は遅れている。

4　生物多様性の市場創設

　第三の取り組みとしては，生態系サービスに対する支払制度（Payment for Ecosystem Services: PES）が世界各地で導入されている。PESとは，生態系サービスの受益者が，生態系サービスの対価を支払うことで生物多様性の保全を実現する制度である（林・伊藤, 2010a）。

PESの代表的な事例として，ナチュラルミネラルウォーターのブランドである ヴィッテルの取り組みがある。水源地域の水質を改善するためには，周辺地域の農家の協力が不可欠であった。そこで，水源地域の農家とヴィッテルが協議し，農家の水質対策に対してヴィッテルが資金を提供することで合意が行われた。ヴィッテルが水源地対策として支払った金額は，7年間で総額2,425万ユーロであった。こうしたPESの導入事例は世界全体で300件を上回るといわれており，世界的にPESに注目が集まっている。OECDは世界各国の代表的なPESの事例として41件を取り上げ，PESが成功するためには生態系サービスの供給者と受益者の協議を支援するための制度が必要であり，民間レベルの取り組みであっても行政が重要な役割を持っていることを指摘している（OECD, 2010）。

なお，本来のPESは，生態系サービスの受益者と供給者が協議し，保全の水準と費用負担額を交渉によって決めることで生物多様性の保全対策を実施するものである。いわば，生態系サービスの需要と供給のバランスによって負担額が決まるため，コースの定理が示すように当事者間交渉によって効率的な保全対策の実現が期待できる。ただし，交渉相手の探索などの取引費用が高い場合や情報の非対称性が存在する場合は，PESのような当事者間交渉では効率性が得られないことに注意が必要である。

第四の取り組みとしては，生物多様性オフセットがある。企業が開発を行う際には，できるかぎり生物多様性への影響を回避し，影響を最小化することが求められている。しかし，完全に影響をゼロにすることは困難なことも多い。そこで，別の場所で自然を再生することで失われる自然の代償とする「生物多様性オフセット」が注目されている（林・伊藤, 2010b）。開発企業が単独では自然再生が困難な場合，他社が実施した自然再生の費用を負担することで代償措置と見なすことも認められている。

生物多様性オフセットは，アメリカではすでに数十年の歴史があり，多くの事例が存在するが，近年は国際的な枠組みでも生物多様性オフセットに対する関心が高まっている。たとえば，2004年11月に設立された「ビジネスと生物多様性オフセットプログラム」（Business and Biodiversity Offsets Programme: BBOP）には80社が加盟しているが，その中には，国際機関，各国政府，NGO

などに加えて，国際的に活躍する大手の資源開発企業も参加している。BBOPは2012年に生物多様性オフセットを評価するための基準に関する報告書と生物多様性オフセットの実施手順を示したハンドブックを公表した（BBOP, 2012aおよびBBOP, 2012b）。BBOPが生物多様性オフセットに関する世界共通のフレームワークを構築することで，今後は国際的レベルで生物多様性オフセットへの注目が高まることが予想される。

　生物多様性オフセットでは，開発によって失われる生態系サービスと，自然再生によって新たに創造される生態系サービスの価値が等しく，オフセットの実施により全体としては生態系サービスの価値が失われない「ノーネットロス」が求められている。BBOPの報告書では，失われる価値よりも創造される価値が上回る「ネットゲイン」により生物多様性の保全に貢献することが提案されている。「ノーネットロス」や「ネットゲイン」を判断するためには，失われる価値と創造される価値のそれぞれを評価し，比較することが不可欠であることから，生物多様性の価値評価が注目されるようになった。

5　生物多様性の価値評価とビジネス

　このように生物多様性とビジネスにおいて，様々な取り組みが世界各地で進められているが，そのいずれにおいても生物多様性の価値評価が重要な課題となっている。企業が生物多様性に配慮するためには，企業活動が生物多様性に対してどのような影響を与えているのかをサプライチェーンやライフサイクル全体で把握する必要がある。また，生態系サービス支払制度（PES）や生物多様性オフセットでは，費用負担を伴うため生態系サービスの価値を金銭単位で評価することが重要な課題となっている。

　そこで，生物多様性を価値評価する手法の開発が急速に進んでいる。第一に，生物多様性や生態系サービスを評価する手順や基準の設定に関する議論が進んでいる。世界資源研究所（WRI）は，2012年2月に企業のための生態系サービス評価（Corporate Ecosystem Services Review: ESR）を公表し，企業が生態系サービスを評価するための手順を分かりやすく解説した（WRI, 2012）。

　第二に，原料調達，製造，流通，消費，廃棄という製品のライクサイクル全

体での生物多様性への影響を把握するライフサイクル分析（LCA）やサプライチェーン分析の研究が進んでいる。国内では産業総合研究所が中心になって開発された被害算定型影響評価手法（LIME）が2005年に公表された（伊坪・稲葉, 2005）。LIMEは企業の経済活動によって排出される様々な環境負荷を製品のライフサイクル全体で評価するが，評価対象には生物多様性に関連する項目として生物の絶滅種数が用いられており，LIMEを用いることで企業は自社の環境対策によって絶滅リスクをどれだけ低減できるかを数量的に把握できる。2010年には改訂版のLIME 2が公表された（伊坪・稲葉, 2012）。現在は，国際版のLIME 3の開発が進められている（LIMEの詳細は第4章を参照されたい）。

海外では欧州委員会（EC）が2010年から製品のライフサイクル全体で環境負荷を評価する「環境フットプリント」に関する検討を行っている。欧州委員会は2011年に製品と組織の環境フットプリントに関する報告書草案を公表し，様々な製品に対して実証研究を行っている。2012年に公表された最終報告書草案では，14項目の環境領域について環境負荷を把握することが提案されているが，その中には富栄養化，資源枯渇，土地利用などの生物多様性に関係するものも含まれている（EC, 2012aおよびEC, 2012b）。

第三に生物多様性の価値評価に関する議論が進んでいる。環境経済学の分野では，市場価格の存在しない環境の価値を金銭単位で評価する環境価値評価の研究が進められており，環境評価データベース（EVRI）によると，これまでに4,500件を上回る実証研究の蓄積が存在する。生物多様性の価値評価に関しては，人々に環境対策の支払意思額をたずねて評価する仮想評価法（CVM）が用いられることが多い（EVRI, 2017）。

TEEBは2010年に公開した一連の報告書の中で，生物多様性の保全を実現するためには生物多様性の評価が不可欠であり，環境経済学で開発された環境価値評価の手法を環境政策や企業活動に取り入れることが有効であることを強調した。これを受けて，「持続可能な開発のための経済人会議（WBCSD）」は2011年に企業のための生態系評価（CEV）を公表し，企業が生態系サービスの価値評価を企業経営戦略に反映するための手順を示した（WBCSD, 2011）。WBCSDは2015年にはビジネスのための水資源の価値評価に関する報告書を公表し，水資源の消費や水質汚染の環境影響を経済的に評価する手順を示した

（WBCSD, 2015a）。WBCSDは企業活動がもたらす影響を従来の財務情報だけではなく，自然環境や社会への影響などの非財務情報も含めた「真のコスト」と「真の利益」を評価し，開示すべきとして「価値の再定義プログラム」を提案している（WBCSD, 2015b）。

　2011年にはスポーツウェアメーカーのPUMAが「環境損益計算書(environmental profit and loss account)」を公表し，サプライチェーン全体における環境のコストを1億4,500万ユーロと定量的に示した（図表8-3）。ここでは水資源使用，温室効果ガス，土地利用，大気汚染，廃棄物の5種類の項目について評価が行われたが，生物多様性に関連の強い土地利用の環境コストは3,700万ユーロであり，これは全体の環境コストの25％を占めるものであった。またPUMA本

■図表8-3　PUMA環境損益計算書

		水資源利用	温室効果ガス	土地利用	大気汚染	廃棄物	総計	
		百万ユーロ	百万ユーロ	百万ユーロ	百万ユーロ	百万ユーロ	百万ユーロ	%総計
		33%	33%	25%	7%	2%	100%	
	総計	47	47	37	11	3	145	100%
階層別	PUMA事業	<1	7	<1	1	<1	8	6%
	第1階層（製造）	1	9	<1	1	2	13	9%
	第2階層（外注）	4	7	<1	2	1	14	10%
	第3階層（原材料加工）	17	7	<1	3	<1	27	19%
	第4階層（原材料生産）	25	17	37	4	<1	83	57%
地域別	欧州，中東，アフリカ	4	8	1	1	<1	14	10%
	アメリカ	2	10	20	3	<1	35	24%
	アジア，太平洋	41	29	16	7	3	96	66%
部門別	フットウェア	25	28	34	7	2	96	66%
	アパレル	18	14	3	3	1	39	27%
	アクセサリー	4	5	<1	1	<1	10	7%

注：PUMA社資料をもとに作成

体の事業活動による環境への影響は全体の6％にすぎず，原材料生産段階の影響が全体の57％を占めていた。このPUMAの評価事例は，原材料生産段階まで含めたサプライチェーン全体で生物多様性の影響を評価することの重要性を示唆している。

2015年にはPUMAの親会社であるフランス・ケリング社（Kering）が，グループ全体の環境損益計算書を公表した。ケリング社の環境損益計算書では，自社（販売店，倉庫，オフィス等），組み立て，製造，原材料加工，原材料生産の5段階の階層別に環境影響を評価している。環境影響は，大気汚染，温室効果ガス，土地利用，廃棄物，水消費，水質汚染の6種類別に集計している。ケリング社の環境損益計算書でも同様に自社活動は環境負荷全体の7％にすぎず，原材料生産が全体の50％を占めていた。とりわけ，生物多様性との関連が強い土地利用は原材料生産段階の影響が大きいことが示された。

一方，デンマークの製薬企業であるノボノルディスク社（Novo Nordisk）も2011年に環境損益計算書を公表している。ノボノルディスク社の環境損益計算書では環境影響を水消費，温室効果ガス，大気汚染の3種類に区分して集計している。ノボノルディスク社の場合，サプライチェーン全体の環境負荷は2億2,300万ユーロであり，そのうち自社事業の占める割合は13％に過ぎない。

このように生物多様性の価値評価に関する議論が国際レベルで急速に進展し，多数の企業が実践に取り組むようになった。ただし，生物多様性の価値評価を行うためには，生態学，環境経済学，環境経営学，環境工学などの専門知識が必要であり，企業が単独で評価を行うのは容易ではない。たとえば，PUMAの「環境損益計算書」ではサプライチェーンの環境負荷を計測するために464部門から構成される産業連関分析が用いられており，この評価にはコンサルタント会社のPwCとTrucost社が協力している。

また，企業が生物多様性の価値評価を実践し，経営戦略の意志決定を支援するためのソフトウェアやデータベースの開発が進められている。たとえば，スタンフォード大学が中心に開発されたソフトウェア「環境サービス・トレードオフ統合評価（InVEST）」は，土地利用変化などが生態系サービスの及ぼす影響をモデルによって分析し，経済価値に換算したものを地図で表示することができる（Kareiva et al., 2011）。InVESTを用いることで，企業は工場排水が

下流の水質や生態系に及ぼす影響を地図上で把握するとともに，排水対策と環境コストを直接金額で比較することで経営戦略を見直すことが可能となる。近年，こうしたソフトウェアやデータベースが多数開発されているが，WBCSDは2013年に様々なソフトウェアをレビューした報告書を公表した（WBCSD, 2013）。一方，TEEBは生物多様性の価値評価に関する1168件の実証研究を整理し，データベース構築に関するマニュアルを公表した（TEEB, 2013）。こうしたソフトウェアやデータベースの開発が進展したことで，今後はより多くの企業が生物多様性の評価に取り組むことが予想される。

6　生物多様性から自然資本へ

　近年，自然環境を「自然資本」として認識し，企業経営の基盤を構成する資本の1つとして位置づける取り組みが急速に広まっている（谷口, 2014; 自然資本研究会, 2015; 藤田, 2017）。自然資本とは，自然資源のフローを生み出すストックのことである（Daly, 1994）。たとえば，工場などの「人工資本」からは工場で生産された製品の売り上げにより利益が毎年得られる。同様に，森林，河川，湖沼，農地，海洋などの「自然資本」からは木材，水資源，水産資源，農作物など様々な生態系サービスが得られる。人工資本では，工場の生産性を適切に評価し，必要に応じて最新設備を投資することで利益を高めることができるが，適切に投資を行わなければ工場の設備が老朽化し，利益を得ることが難しくなる。同様に自然資本では，自然環境の資産価値を適切に評価し，必要に応じて自然環境の保全に投資することで，生態系サービスの利益を高めることができる。しかし，投資を行わずに自然環境の浪費を続けると自然環境が質的に劣化し，生態系サービスの利益を得ることが難しくなる。このように，生態系サービス（フロー）を生み出す源泉（ストック）として自然環境を位置づけるのが自然資本の概念である。

　2012年6月に開催された国連持続可能な開発会議「リオ＋20」では，国連環境計画・金融イニシアティブ（UNEP FI）が「自然資本宣言」を提唱し，自然資本の持続可能な利用を目指すために金融機関が積極的な役割を果たすことを宣言した。自然資本宣言には世界各国の金融機関が署名しているが，国内か

らは三井住友トラスト・ホールディングスが署名している。

　一方，TEEBは国連環境計画（UNEP）やWBCSDなどと共同で2012年11月にビジネスのためのTEEB連合（TEEB for Business Coalition）を設立したが，自然資本に対する関心が高まったことから，2014年には自然資本連合（Natural Capital Coalition: NCC）と名称が改定された。TEEBは2013年に「リスクにさらされている自然資本」を公表した（TEEB for Business Coalition, 2013）。この報告書ではTrucostの産業連関分析をもとに自然資本への負荷を定量的に評価し，自然資本に負荷を与えている業種トップ100を地域ごとに示している。また，TEEBは2013年に水質に関する自然資本会計の報告書も公表した。自然資本連合は自然資本の評価手法や評価手順を示した報告書を2014年に公表している（NCC, 2014aおよびNCC, 2014b）。

　自然資本連合は，これまでの議論を整理し，2016年7月に「自然資本プロトコル」を発表した（NCC, 2016）。自然資本プロトコルは，自然資本の価値を評価し，企業の経営判断に自然資本を含めるための国際的な枠組みである。自然資本プロトコルでは(1)フレーム，(2)スコープ，(3)計測と価値評価，(4)適用の4段階によって構成されている。

■図表8-4　自然資本プロトコルの評価手順

段　階		内　容
(1)　フレーム	なぜ？	はじめに
(2)　スコープ	何を？	目的の定義 評価範囲の決定 影響と依存度の検討
(3)　計測と価値評価	どうやって？	影響要因と依存度の計測 自然資本の状態変化の計測 影響と依存度の価値評価
(4)　適用	次は？	結果の解釈と検証 行動

注：自然資本連合（2016）「自然資本プロトコル」をもとに作成

　第一段階の「フレーム」では，なぜ自然資本を評価し，企業経営の意思決定に含める必要があるのかを認識するための手順が示されている。企業は自然環境から水資源，農作物，鉱物資源など様々な資源を利用することで自然資本に

依存している。一方で，企業活動によって水質汚染，大気汚染，土壌汚染，廃棄物などが発生し，自然資本に影響を及ぼしている。こうした企業と自然資本の関係を適切に認識するためには，自然資本への依存度や影響を評価することが不可欠である。

　第二段階の「スコープ」ではどのような自然資本を何のために評価するのかを決めるための手順が示されている。自然資本の評価は様々な目的で使用することができる。企業の経営者が経営判断のために企業内部で使用することもできるが，消費者・投資家・地域住民など企業外部のステイクホルダーに対して情報発信の目的に使用することもできる。また，自然資本の評価は，バリューチェーンの境界設定によっても影響を受ける。たとえば，自社の事業のみに限定した場合と，原料調達段階まで含めた場合では，自然資本への影響や依存度は大きく異なるであろう。したがって，評価すべき自然資本の範囲を明確に定義し，誰の視点で自然資本を評価するのかを明確化する必要がある。

　第三段階の「計測と価値評価」は，どのような方法で自然資本を評価するのかを決めるための手順が示されている。自然資本の評価には「良い・悪い」のような定性的な評価と数値によって示される定量的な評価がある。定量的な評価にはCO_2何トン削減のような物量評価と金銭単位で評価する価値評価がある。当然ながら，評価対象や評価単位が異なれば評価手法も異なるため，自然資本プロトコルでは，様々な評価手法の整理を行っている。価値評価手法としては，代替コスト法，損失回避法，ヘドニック価格法，トラベルコスト法，仮想評価法（CVM），選択型実験，便益移転について特徴が整理されている（価値評価手法の詳細は第2章を参照）。

　第四段階の「適用」では，評価結果の解釈や信頼性の検証などの手順が定められている。自然資本の評価結果を企業経営に反映するためには，評価結果が何を意味するのかを解釈するとともに，評価結果がどれだけの信頼性を持っているのかを検証することが必要である。そして，評価結果をもとに自然資本の観点から現在の企業活動のどこに問題があるのかを分析し，企業活動を見直すことで自然資本を考慮した企業経営を実現することが求められている。

　このように，自然資本プロトコルでは，自然資本を評価し，企業経営に反映するための具体的な手順が分かりやすく示されている。特に注目すべき点は，

物量単位の評価だけではなく，金銭単位の価値評価が中心的に位置づけられている。これらとである。この背景には，物量評価だけでは自然資本の評価が難しいことがある。たとえば，大気汚染や水質汚染などの公害対策の場合は，環境基準を守っているかどうかで判断できる。温暖化対策や廃棄物対策の場合は，CO_2 削減量や廃棄物削減量などの物量単位で評価できる。これに対して，自然資本を物量単位だけで判断することは難しい。たとえば，企業活動の影響を必要とする土地面積に換算して評価するエコロジカル・フットプリントでは土地面積という物量単位で自然環境への影響を評価しているが，すべての土地が同じ価値を持っているわけではないので，土地面積による評価には限界がある。たとえば同じ面積の土地であっても，希少種の生息している原生林と人工林では保全の価値は異なるであろう。こうした価値の違いを反映する必要があるため，自然資本の評価では金銭単位の価値評価が重要な役割を持っているのである。

　自然資本の評価を企業会計に取り入れたものが「自然資本会計」である。環境会計が環境対策のコストと効果を比較するのと同様に，自然資本会計は自然資本に対するコストと効果を比較するものである。たとえば，東芝は自然資本に対する関心が高まったことを受けて，2013年から自然資本会計を公表している。図表8-5は東芝の自然資本会計を示したものである。

　自然資本コストでは，PUMAの環境損益計算書と同様に，企業活動が自然資本に与えた負の影響をバリューチェーン全体で集計し，金銭換算が行われている。自然資本コストは資源・原材料，事業プロセス，物量，使用，回収・リサイクルの5段階で計上しているが，2015年度の自然資本コストは2,612億円であり，そのうち使用段階が2,064億円で全体の79％を占めている。一方，自然資本の保全効果は自然資本に与えた正の影響と自然資本を消費しない活動の2種類に区分して集計されている。自然資本に与えた正の影響は，生物多様性保全活動や工場緑化など自然資本に正の影響をもたらす取り組みに投じた費用であり，2015年度では7.7億円であった。自然資本を消費しない活動とは，再生可能エネルギーの発電量や事業所における水の再使用および再生利用や雨水の活用などを金銭換算したものであり，2015年度では2,414億円であった。合計すると，2015年度における自然資本の保全効果は2,422億円となった。なお，東芝の自然資本会計では，自然資本への影響を金銭換算するためにライフサイ

■図表8-5　東芝の自然資本会計

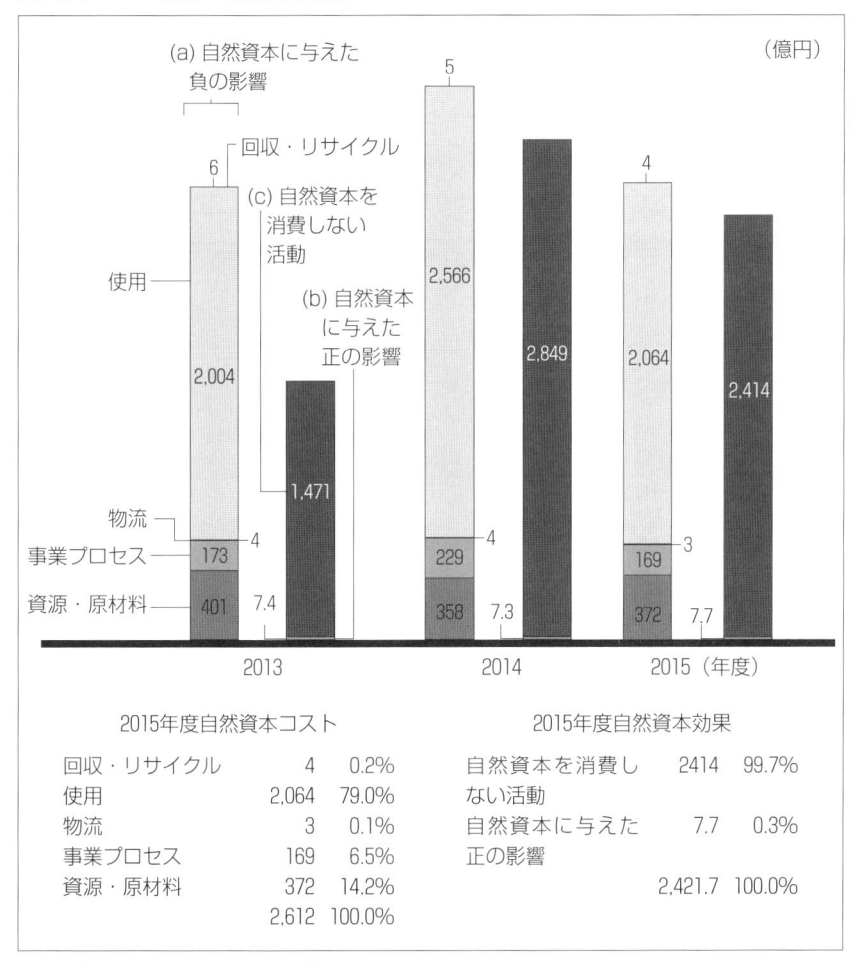

注：東芝「2016環境レポート」より作成

クル・アセスメント（LCA）を用いた評価手法であるLIMEが用いられている（LIMEの詳細は第4章を参照されたい）。

　このように，自然資本会計では，企業活動が自然資本に及ぼす影響をバリューチェーン全体で評価し，金銭換算することで自然資本コストと保全効果を比較する。PUMAの環境損益計算書が自然資本への負の影響のみを評価し

ているのに対して，自然資本会計では自然資本の正と負の影響の両方を比較している点に特徴がある。また，環境会計では環境対策のコストと効果を金銭単位で評価して比較するが，現行の環境会計ガイドラインでは効果に関しては推定的効果の明確な評価方法が定められておらず，企業の中には実質的効果のみ計上し，推定的効果は計上しない事例も見られる（環境会計の詳細は第6章を参照）。ところが，自然資本会計においては，コストと効果のどちらも企業外部で発生することが多く，バリューチェーン全体で外部費用と外部効果を金銭換算することが不可欠である。

このため，現行の環境会計ガイドラインを自然資本会計に適用することには限界がある。事実，東芝は環境会計ガイドラインに則した環境会計を公表すると同時に，これとは別に独自な方法で集計した自然資本会計を作成し，両者を併記している。自然資本に対する関心が高まったことで，現行の環境会計ガイドラインが自然資本を適切に反映できない問題点が改めて注目を集めることになった。そこで，環境省は2014年度から環境会計ガイドラインの改定作業を開始し，2016年に環境会計・自然資本に関する課題を整理した報告書を公表した（環境省, 2016）。この報告書では，海外の自然資本に対する取り組みを調査するとともに，環境会計の現代的意義を見直すことで，環境会計ガイドラインの改定に向けた方向性や自然資本会計を国内に導入するに際して取り組むべき課題を示している。

このように，ビジネスの領域において世界的に自然資本への関心が高まっており，先進的な企業は独自に自然資本の価値評価に取り組み始めている。自然資本プロトコルが公表されたことで，今後は多くの企業が自然資本の価値評価を取り入れることが予想される。ただし，自然資本プロトコルは自然資本の価値を評価し，企業経営に反映するための枠組みを定めたものであり，評価手法の選定に関しては個々の企業の判断に委ねられている。このため，現状では各企業が独自の評価手法を用いて自然資本の評価を行わざるをえず，企業間で評価結果を比較することが困難となっている。

こうした中で，ISO（国際標準化機構）は，環境影響の価値評価手法の標準化を進めている。これまで環境マネジメントの国際規格（ISO14000シリーズ）の中で，環境マネジメントシステム規格（ISO14001）やライフサイクル・ア

セスメント（LCA）規格（ISO14040〜14043）などの国際規格が定められており，環境マネジメントシステムやLCAに関しては標準的な手法や評価手順が決められている。これに対して，環境影響の価値評価に関する国際規格は定められていなかったが，価値評価の必要性が高まったことからISOでは環境影響の価値評価に関する国際規格として新たにISO14008の検討が進められている。2018年末の発効に向けて，ISO14008の規格化に関する議論が進められているが，自然資本の価値評価に関して評価手法の選定方法，評価手順と評価に際して注意すべき点，評価結果の公表方法などの標準化が行われる予定である。ISOにおいて自然資本の価値評価に関して国際標準が設けられることで，今後は急速に自然資本の価値評価の普及が進展することが予想される。

7　今後の課題

　本章では生物多様性とビジネスに関する最近の動向について展望したが，海外では企業は生物多様性保全に参画するだけではなく，生物多様性にもたらす影響を評価し，自社の経営戦略に反映することで，生物多様性の保全に向けた様々な取り組みが実現されている。そして，原料調達や流通などのサプライチェーンを通して生物多様性への影響を把握し，企業経営を支える自然資本として自然環境を位置づけることで，自然資本を企業経営の意思決定に反映する体制が構築されつつある。とりわけ，自然資本プロトコルが公表され，今後は自然資本の価値評価に関する国際規格が設けられる予定であることから，自然資本の価値を定量的に評価し，企業経営に反映する試みは世界的に定着しつつある。

　こうした海外の急速な展開と比べると，国内の企業の取り組みは遅れているといわざるをえない。国内でも生物多様性民間参画パートナーシップなどが設立され，企業の生物多様性保全への参画は進められている。しかし，生物多様性の評価を行い，新たな市場を創造している事例は少ない。自然資本に対しては国内企業も関心を持ち始めているが，あくまでも概念的なものとして認識されることが多く，データをもとに自然資本の価値を評価する取り組みは一部の先進的な企業に止まっている。むろん，国内においても自然環境への影響を配

慮して経済活動を行っている企業は少なくない。しかし，そうした自然環境対策は，企業の社会的責任（CSR）の観点から社会貢献の1つとして位置づけられていることが多く，自然資本が企業経営の根幹を構成するものとまでは認識されていない。

　企業が自然資本の価値を認識し，企業経営の意思決定に反映させるためには，自然資本の経済価値を定量的に評価することが不可欠である。これまで，国内では自然環境対策の重要性は認識されつつも自然資本の価値は評価困難と考えられてきた。しかし，海外では自然資本の価値評価手法に関する研究が進展し，自然資本の価値を定量的に評価して企業経営に反映させるための国際的な枠組みや標準化に関する議論が進められている。今後は，こうした海外の動向を踏まえつつ，国内の企業が自然資本の価値評価を実践するためのガイドラインを構築するとともに，国内の自然環境を対象とした価値評価データベースを構築することで，より多くの国内企業が自然資本の価値を企業経営に反映するための手順を示していくことが必要であろう。

（栗山浩一）

第 **9** 章

環境経営評価の課題

1 はじめに

　本書では，環境経営の評価について様々な観点からこれまでの研究成果を展望するとともに，実証研究を行うことで今後の課題について検討を行った。企業が環境経営を実現するためには，企業の環境対策を適切に評価し，企業経営の意思決定に反映することが不可欠である。だが，環境経営の評価は容易ではない。企業の環境対策には，大気汚染や水質汚染などの公害対策，温暖化対策，廃棄物対策，生物多様性保全対策など多数のものが含まれるため，これらの環境対策を総合的に評価することが求められる。また，企業の環境対策の影響が及ぶ範囲は消費者，投資家，従業員だけではなく，地域住民や国内外の一般市民，さらには将来世代にまで広範囲に広がっているため，多様なステークホルダーの視点から評価する必要がある。さらには，環境経営を評価するためには，対策コストと対策効果を比較する必要があるため，環境対策の効果を金銭単位で評価する必要がある。

　そこで，本書では環境経済学の研究で進められてきた「環境価値評価」に着目し，環境経営の評価への適用について検討を行った。「環境価値評価」は環境の価値を金銭単位で評価する手法であり，環境政策の評価手法として国内外で多数の政策評価に用いられているものである。近年，環境経営の評価において環境価値評価が世界的に注目を集めているが，国内では世界的に見ても最も

早い段階から環境価値評価を用いた実証研究が進められてきた。本書では，そうした国内で実施された先駆的な研究を振り返りながら，環境保全型製品の評価，ライフサイクル・アセスメント（LCA）を用いた評価，環境投資行動の評価，環境リスクの評価，自然資本の評価など様々な観点から実証分析を行った。

　本書のもう1つの特徴は，環境経営・会計学，環境経済学，環境工学などの異分野の研究者による学際的な実証研究を行っていることである。環境経営の評価には，企業の環境対策の影響を原料採取から廃棄までのライフサイクル全体について環境工学の観点から物量的に評価し，それを環境経済学の評価手法で金銭換算した上で，環境会計などの形で集計し，報告するプロセスが必要である。そのため，環境経営の評価には，学際的な研究アプローチが不可欠であるが，環境経営・会計学，環境経済学，環境工学の各領域で開発されてきた分析手法を統合し，環境経営を評価するための新たな分析手法の開発が進められてきた。本書では，こうした世界最先端の学際的な研究を展望しながら，様々な評価対象に実証分析を行うことで，環境経営の評価への適用可能性について検討を行った。

　最後に本書で分析した結果を整理し，本書の結論を示すとともに，環境経営の評価に関して残された今後の課題について検討しよう。

2　環境経営の評価手法における今後の課題

　第2章では環境経営を評価するための手法について検討を行った。第一に，環境経営を評価するためには企業活動による環境影響を適切に把握する必要があるが，そのためには原料調達から廃棄までの製品全体のライフサイクルで環境影響を評価するライフサイクル・アセスメント（LCA）が必要である。LCAでは個々のプロセスにおける環境負荷を積み上げて評価を行う「積み上げ法」と産業連関表を用いて評価を行う「産業連関分析法」があり，それぞれ利点と欠点が異なるため，目的に応じて使い分ける必要がある。なお，LCAでは企業の環境対策の影響を物量単位で評価するが，異なる環境影響を統合して評価するためには，異なる環境の価値の重み付けが必要であり，そのために

はLCAに環境価値評価を適用する必要がある。

　第二に，企業の環境対策のコストと効果を比較する環境会計では，環境対策のコストと比較するため環境対策の効果も金銭単位で評価する必要がある。現行の環境会計ガイドラインでは企業内部のデータをもとにコストと効果を把握するアプローチを採用しているため，コストは網羅的に把握されているのに反して，効果は企業内部で発生する「内部効果」しか把握できず，企業外部で発生する「外部効果」を把握できないという問題がある。このため，環境会計に環境価値評価を導入することが重要と考えられる。

　第三に，環境の価値を金銭単位で評価する環境価値評価では，様々な評価手法が開発されているが，環境経営の評価では温暖化対策や生物多様性保全を評価する必要があるため，これらの価値を評価可能なCVMとコンジョイント分析が有効と考えられる。ただし，これらの手法はアンケート調査を用いる必要があり，調査票設計に不備があると回答に影響をもたらす「バイアス」と呼ばれる現象が発生し，評価額の信頼性が低下する危険性があることが知られている。また，海外ではCVMやコンジョイント分析の実証研究が多数存在し，評価結果のデータベースも構築されているのに対して，国内では実証研究が少なく，データベースの構築は遅れている。環境経営の評価に環境価値評価を用いるためには，これらの課題への対応が必要であろう。

3　環境保全型製品の評価における今後の課題

　第3章では，環境保全型製品を評価する手法について検討し，住宅・自動車・ノートパソコン・テレビの4種類の製品を対象に実証研究を行った。第一に，環境保全型製品を評価する場合には，その製品の環境負荷を定量的に示す必要があるため，原料調達から廃棄までの製品のライフサイクル全体で環境負荷を評価するライフサイクル・アセスメント（LCA）が必要である。また，消費者の視点から環境保全型製品を評価する際には，LCAで評価された環境負荷を消費者にわかりやすく伝える工夫が必要である。本章では製品を紹介するパンフレットの中にLCAにより評価された環境負荷を記載することで，消費者に製品の環境対策をわかりやすく伝える工夫を行ったところ，環境負荷の

定量表示が商品選択行動に影響を及ぼすことが確認された。

第二に，環境保全型製品には，製品の本来の通常機能属性と環境負荷などの環境属性が含まれるため，属性単位で価値を分解可能なコンジョイント分析による評価が必要である。通常の紙と鉛筆を用いた分析では6属性が限界だが，環境保全型製品にはさらに多くの属性が含まれるため，コンピュータを利用した対話型のコンジョイント調査が必要である。

第三に，実証研究では，住宅・自動車・ノートパソコン・テレビの4種類の製品を対象に統計分析を行ったが，消費者は温暖化対策や大気汚染対策を考慮して製品を選択していることが示された。また，ハイブリッド自動車の市場分析では，燃費に優れているだけではなく，CO_2排出量が少ないこともハイブリッド自動車の市場シェアに影響していることが示唆された。

以上のことから，LCAとコンジョイント分析を組み合わせることで環境保全型製品の環境価値が評価可能であることが示された。一方で，以下の課題が残されている。第一に，本章の分析結果は，住宅・自動車・ノートパソコン・テレビの4種類の製品に限定したものであり，その他の製品についてもLCAとコンジョイント分析を用いた評価が適用可能かどうかを検証する必要がある。

第二に，大規模な調査により評価結果の信頼性を改善する必要がある。本章では，コンピュータ調査の可能な会場型調査を利用したが，ランダムサンプリングではないためサンプリングバイアスが生じている可能性がある。今後はインターネットを利用した大規模な調査により本研究の結果を検証する必要があるだろう。

第三に，環境保全型製品の価値を適切に評価するためには，製品の環境情報を正確に消費者に伝える方法を開発する必要がある。本章では製品パンフレットの中でLCAの環境負荷情報を記載する方法を採用したが，自動車や住宅のように時間をかけて製品を比較検討する製品の場合にはパンフレットによる情報提供が有効と考えられる。しかし，食品や日用品のように店頭で短時間のうち商品を選択する場合には，この方法は使えないだろう。短時間に店頭で環境情報を消費者に分かりやすく伝える方法の分析は残された課題といえるだろう。

4　LCAと環境価値評価における今後の課題

　第4章ではライフサイクル・アセスメント（LCA）における環境価値評価の役割について検討を行った。第一に，気候変動，大気汚染，水消費，資源枯渇などの多様な環境影響が単一の指標で表される統合化手法に対する注目が高まっている。しかし，単一の指標で示すためには，健康影響と生物多様性のような異なる性質のものを単一の指標に集約する必要がある。このため，統合化手法において環境価値評価を用いることですべての環境影響を金銭単位で評価する方法が注目されている。

　第二に，統合化手法においてはコンジョイント分析が重要な役割を果たしている。従来の統合化手法では個々の評価対象を個別にCVMなどで評価していたが，コンジョイント分析を用いることで複数の評価対象を1つのモデルで同時に評価することが可能となることが示された。

　第三に，日本版被害算定型影響評価手法（LIME）について検討した。LIMEは企業の経済活動によって発生する環境負荷をLCAによって4つの保護対象（人間の健康，社会資産，生物多様性，一次生産）に集約化する。そして，この保護対象の価値をコンジョイント分析を用いることで単一指標に統合することが可能となった。

　第四に，LIMEを用いることで世界全体の環境負荷の被害額を評価することが可能となった。LIMEの最新版（LIME3）では世界の主要19カ国を対象にコンジョイント分析の調査が行われており，これをもとに全球規模の年間被害量の経済価値額を計算すると，約5兆USドルとなった。これは，世界全体のGDP（2013年現在77兆USドル）の約6.5%に相当するものであった。

　以上のようにLCAに環境価値評価を用いることで環境負荷の統合化が可能となり，しかも国内だけではなく，世界的規模で環境負荷の計測が可能となった。LIMEはLCA統合評価にコンジョイント分析を世界で最初に導入したものであり，LCAと環境経済学のいずれの領域においても先駆的な研究といえる。

　今後は，より地域偏在性の高い影響領域についても被害評価を精緻化するとともに，途上国や多様な評価者に応じた統合化係数の開発にむけた検討が必要

であろう。

5 環境投資行動の評価における今後の課題

第5章では投資家の視点から環境経営の評価を行った。第一に，企業の環境対策が投資家の意思決定に及ぼす効果には，投資家の私的利益につながる私的効果と私的利益には直結しない社会的効果の2つに区分することができる。私的効果は，企業の環境対策が企業利益につながり，その結果，株価が上昇して投資家の利益となることから投資を行う効果である。一方，社会的効果は，企業の環境対策が企業利益とは無関係であり，株価が上昇しないとしても，社会的貢献の観点から環境対策を行う企業に投資を行う効果である。

第二に，投資家を対象としたコンジョイント分析の結果をもとにリコーの環境対策の効果を集計したところ，温暖化対策5.72億円，大気汚染対策10.81億円，水質汚染対策6.72億円，廃棄物対策42.73億円であり，合計で65.99億円であった。したがって，コンジョイント分析を用いることで投資家の視点から企業の環境対策の効果を評価できることが示された。

第三に，環境対策によって私的効果と社会的効果が異なることが判明した。リコーの環境対策を分析した結果によれば，温暖化対策の場合には，8割以上が社会的効果であったのに対して，それ以外の大気汚染，水質汚染，廃棄物対策では私的効果が4割前後を占めていた。大気汚染，水質汚染，廃棄物は法規制の対象であり，汚染事故によって損害賠償を請求されるリスクが存在する。したがって，これらの環境対策にはリスク削減の観点から企業利益につながりやすく，私的効果の性質が比較的強い。これに対して，温暖化に関しては企業の自主的取組が基本であり，温暖化を理由に損害賠償を請求される可能性は低い。また温暖化対策の効果は社会全体に及ぶものであり，社会的効果の性質が強いといえる。

したがって，投資家の視点から企業の環境対策を評価した場合，環境対策の半分以上を社会的効果が占めていることから，企業の環境対策は，企業利益に貢献するか否かだけではなく，社会全体の視点に立って判断する必要がある。

本章の分析は，投資家の視点のみで企業の環境対策の効果を評価したもので

ある。企業の環境対策は，投資家以外にも，消費者，従業員，地域住民など多数の人々に影響を及ぼすものであり，これらすべてのステークホルダーの視点から環境対策の効果を評価する必要がある。したがって，今後は，投資家を対象とする調査をさらに実施して評価額の信頼性を検証するとともに，投資家以外のステークホルダーに対しても調査を実施し，多方面から企業の環境対策を評価することが必要である。投資家の視点による評価と，それ以外のステークホルダーの視点からの評価をいかにして統合するかは，今後の研究課題であろう。

6　環境会計と環境評価における今後の課題

第6章では，環境会計に環境価値評価を適用することの可能性について分析した。第一に，現行の環境会計ガイドラインでは環境対策の経済効果が過小評価される傾向にあることが示された。環境会計ガイドラインでは，環境対策コストについては網羅的に集計できるのに対して，環境対策の経済効果は部分的な評価に止まっている。このため，しばしば環境対策コストが効果を上回り，結果として環境対策が赤字となっている。

第二に，環境会計において環境対策の経済効果を計測するための妥当な貨幣尺度について検討した。これまで環境会計で用いられている尺度として対策費用，市場価格，損害額，支払意思額の4種類の方法を比較し，経済理論との整合性の観点から検討したところ，最も妥当な貨幣尺度は支払意思額であることが示された。

第三に，環境価値評価の手法であるCVMとコンジョイント分析を環境会計に応用した事例について検討を行い，環境価値評価を用いることで環境対策の経済効果を評価できることが示された。岩手県と大阪ガスの事例では，環境対策の経済効果を住民の視点からCVMにより評価していた。一方，リコーでは環境対策の経済効果を投資家や消費者の視点からコンジョイント分析により評価していた。また関西国際空港や京都市上下水道局ではコンジョイント分析を用いた分析手法であるLIMEを用いて環境対策の経済効果の貨幣換算を行っていた。これらの事例は，企業等の環境対策の効果を金銭単位で評価し，環境会

計に使用可能であることを示していた。

　第四に，環境価値評価を環境会計に応用することで環境対策の内部効果と外部効果の両方を把握することが可能となることが示された。環境対策の経済効果には，企業内部で発生する内部効果と企業外部で発生する外部効果が存在する。内部効果は企業内部のデータで評価可能だが，外部効果は企業内部のデータだけでは評価は困難である。そこで，環境価値評価を用いて消費者や地域住民などの視点から環境対策の外部効果を評価する必要がある。

　以上のことから，環境価値評価を環境会計に応用することの意義と可能性が示されたといえよう。しかし，環境価値評価を環境会計に適用した事例は世界的に見ても多いとはいえず，残された課題は多い。第一の課題は，評価額の信頼性の向上とそのための手法の洗練化である。企業等の環境対策の評価ではCVMやコンジョイント分析などの表明選好法が必要となるが，これらの手法はアンケートを用いるため，バイアスの影響を受けやすいという欠点がある。

　第二の課題は，自然資本会計への対応である。近年，自然資本の保全コストと保全効果を集計する自然資本会計が注目を集めている。しかし，自然資本の保全効果は企業外部で発生する外部効果が大半であり，自然資本会計では環境価値評価を用いて外部効果を計測することが不可欠である。このため，現行の環境会計ガイドラインでは自然資本会計には対応できず，自然資本会計には独自のガイドラインを設けることが必要であろう。

　第三の課題は，評価結果をいかにして企業経営に反映させるかについて検討することである。環境会計で環境対策のコストと効果を評価したとしても，評価された結果を今後の環境対策に反映させなければ，持続可能な社会の実現は不可能である。

7　環境リスクの評価における今後の課題

　第7章では環境リスクの評価方法と企業経営への応用可能性について分析し，整理を行った。第一に，環境経営を行う上で環境リスク評価の必要性が高いことが示された。たとえ低い確率であっても，万一，汚染事故が生じると企業は多額の損失を被る危険性があるため，企業は自社が抱えている環境リスクを把

握し，事前に対策を行うことが重要である。とりわけ，環境リスク対策には費用が生じることから，環境リスク対策の効果を金銭単位で評価することが有効と考えられる。

第二に，死亡リスクの評価方法としてCVMの有効性が示された。CVMを用いることで，死亡リスクを削減することに対する支払意思額を評価することができるが，支払意思額をリスク削減幅で割ることで1人の死亡を回避することの価値として統計的生命の価値を算出することができる。国内で実施されたCVMの評価事例では，2つの死亡リスク対策の評価を比較しているが，経済理論と整合的な結果が得られており，しかも海外の評価額と比較的近い金額が算定されていることから，評価結果の信頼性は高いものと思われる。

第三に，環境リスク評価を製品設計に適用するための評価方法としてコンジョイント分析の有効性が示された。冷蔵庫を対象に温暖化対策，安全対策，製品価格のトレードオフが存在する状況に対してコンジョイント分析を用いるとそれぞれの製品属性の価値を評価することが可能となる。実証分析の結果，消費者は製品の安全性を重視していることが判明し，安全性を犠牲にして温暖化対策を実施しても消費者には受け入れられないことが示された。一方，安全性を考慮した上で温暖化対策を行う場合は，高い価格でも消費者に受け入れられることが分かった。

以上の分析結果から環境リスクの評価においてCVMやコンジョイント分析などの環境価値評価が有効であることが示された。そして，環境リスク評価に関する今後の課題についても検討を行った。第一の課題は評価結果の信頼性を検証することである。海外では死亡リスクの評価事例が多数存在し，既存の評価結果と比較することが可能だが，国内では評価事例が少なく，国内の既存研究との比較が困難である。今後は，評価事例の蓄積を行うことで，評価額の信頼性を検証することが必要である。

第二の課題は，生態系リスクの評価である。近年，生物多様性に対する社会の関心が高まったことから，企業に対しても生物多様性保全対策が求められている。このため，企業が抱えている生態系リスクに関しても事前に評価する必要性が高まっているが，生態系リスクに関しては世界的に見ても研究が遅れている状況にある。今後は，生態系リスクに関しても実証研究を進め，企業経営

の意思決定に生態系リスクを反映するための方法を検討することが必要であろう。

8 自然資本と環境経営における今後の課題

　第8章では，自然資本と環境経営の関係について最近の動向について展望を行い，今後の課題について検討した。第一に，生物多様性とビジネスに関する国際的枠組みに関する議論が急速に進展した。生物多様性条約の下では締約国会議においてビジネスに関する決議が続いており，生物多様性保全におけるビジネスの役割が注目を集めている。また「生態系と生物多様性の経済学（TEEB）」はビジネスを対象とした報告書を公表し，原料調達から廃棄までのライフサイクル全体において生物多様性を考慮することの重要性を指摘するとともに，生物多様性を対象とした新たな市場の創設を主張している。さらには国連の持続可能な開発目標（SDGs）においても生物多様性に関連する項目が複数の目標で設定されている。

　第二に，世界各地で生物多様性保全に向けたビジネスの活動が注目を集めている。生物多様性保全にビジネスが参画するためのパートナーシップ，生物多様性に関する環境認証，生態系サービスに対する支払制度，生物多様性オフセットなど，生物多様性保全への民間参画から新たな市場創設まで様々な具体的な取り組みが世界各地で行われている。

　第三に，企業が生物多様性保全を行う上で，生物多様性の価値評価が重要な課題となっている。そこで，生物多様性の価値を評価するための手法の開発が進められてきた。国内で開発された評価手法であるLIMEは，原料調達から廃棄までのライフサイクル全体の影響を金銭単位で評価する。一方，PUMAで用いられた環境損益計算書は，サプライチェーン全体の自然環境への影響を金銭単位で計測し，原材料生産段階の影響が大きいことを示した。また，海外では既存の評価結果を収集し，データベースを構築する作業や利用可能な評価手法の整理が進められている。

　第四に，企業経営を支える自然資本として自然環境を位置づけることで，自然資本を企業経営の意思決定に反映する体制が構築されつつある。自然資本連

合は「自然資本プロトコル」を公表し，自然資本の価値を評価し，企業の経営判断に自然資本を含めるための国際的な枠組みを設定した。また自然資本の評価を企業会計に取り入れた「自然資本会計」の取り組みも進められている。

このように，海外では自然資本の価値を定量的に評価し，企業経営に反映する試みは世界的に定着しつつある。これに対して，国内の企業の取り組みは遅れているといわざるをえない。企業の社会的責任（CSR）の観点から社会貢献の1つとして自然環境対策を位置づけている限り，生物多様性を企業経営の意思決定に反映することは難しい。こうした社会貢献としての位置づけから脱却し，企業経営の根幹を構成するものとして自然資本を認識する必要がある。そのためには，自然資本の経済価値を評価し，企業経営に反映することが不可欠である。今後は，国内でも自然環境を対象とした価値評価の実証研究を進めるとともに，評価結果のデータベースを構築し，より多くの企業が自然資本の価値評価を利用できるような体制を構築することが必要であろう。

9　おわりに

国内では1990年代後半から2000年代にかけて環境経営が多くの企業に定着した。その背景には，企業の環境経営を評価し，報告するための枠組みとして，環境報告ガイドラインや環境会計ガイドラインが整備されたことがあった。一方，国内で環境経営が本格的に開始されたのと同時に，環境経営を評価するための手法に関する研究も開始された。環境経営学・環境経済学・環境工学など異分野の研究者が企業担当者や行政担当者と連携して実証研究が行われ，世界的に見ても最も早い段階から環境経営の研究が進められた。本書で展望したように，国内ではライフサイクル・アセスメントと環境価値評価を組み合わせた評価手法の開発が進められ，環境保全型製品の評価，環境投資行動の分析，環境会計への応用，環境リスク評価など様々な分野に対して実証研究が進められた。海外でも同時期に環境経営の評価に関する研究が行われていたが，国内では最も早い段階から最新の評価手法の開発に取り組んでおり，国内で進められた研究は世界最先端の水準にあったといっても過言ではない。

こうした国内の研究成果は，一部の先進的な企業に取り入れられ，企業の環

境経営を評価するための手法として採用されてきた。だが，今日でも環境価値評価を用いて環境経営に取り組む企業は少なく，普及には至っていないのが実情である。その原因としては，国内では環境価値評価の実証研究が少なく，既存の評価結果をもとに企業の環境経営を評価することが困難な状況にあることが考えられる。既存の評価結果を使えない場合，企業が独自に環境価値評価の実証分析を行う必要があるが，環境価値評価の実証分析には経済学や統計学の知識が必要であり，企業の担当者が独自に実施することは難しい。このような状況から，現行の環境会計ガイドラインでは，環境保全効果の経済価値を評価する方法については現状では実務上広範囲に使用される段階には達していないとして，慎重な取り扱いが求められている。その結果，国内では環境経営を評価するための手法の開発が早くから進んだにもかかわらず，一部の企業が採用するにとどまり，普及には至らなかったのである。

しかし，近年，環境経営の評価は新たな局面に直面している。それは世界的に自然資本に対する関心が高まり，自然資本の評価が環境経営に不可欠なものになったからである。企業の多くは水資源，森林，大気，水産資源，鉱物資源，石油資源など様々な自然資源に依存して経済活動を行っている。しかし，企業活動が自然環境に及ぼす影響は，原料採取段階などサプライチェーン全体で把握する必要があり，企業内部のデータだけでは評価が困難である。温暖化対策，公害対策，廃棄物対策の場合は，CO_2何トン削減のような物量単位の評価でも判断可能な場合が多いが，自然資本対策は物量単位の評価だけでは判断が困難である。このため，自然資本の評価では環境価値評価が不可欠だが，海外では「自然資本プロトコル」が公表されたことで，環境価値評価の手法を用いて自然資本を評価することで，企業経営の意思決定に反映する枠組みが急速に構築されつつある。さらに，環境価値評価の必要性が高まったことから，ISO（国際標準化機構）が環境影響の価値評価手法の国際規格として新たにISO14008の検討が進められている。2018年末の発効に向けて，ISO14008の規格化に関する議論が進められているが，ISOにおいて環境価値評価に関する国際標準が設けられることで，今後は急速に環境価値評価の普及が世界的に進展することが予想される。

こうした環境経営の評価をめぐる新たな局面に対して，国内の企業や行政の

対策は遅れていると言わざるをえない。本来であれば，世界で最も早い段階から環境価値評価を用いた環境経営の評価を実現してきた日本が，世界の議論をリードして環境経営の評価に関する国際的枠組みの構築に貢献できたはずである。しかし，現実には世界の急速な変化について行けず，後手に回っている状況にある。このままでは，国内のこれまでの研究成果が生かされずに，環境経営の評価に関する国際的枠組みが日本の企業経営に不利な形で構築されかねない。

　環境経営の評価に関して，我々は，こうした危機的状況に直面していることを改めて認識する必要がある。この危機的状況から脱却するためには，まずは環境報告ガイドラインや環境会計ガイドラインなど，国内の環境経営の評価に関する枠組みを今日の視点から改めて見直すことが必要である。そのためには，海外の動向を踏まえるだけではなく，国内でこれまで実施されてきた環境経営の評価に関する実証研究の成果を踏まえることも重要であろう。本書では，国内の環境経営の評価に関する実証研究を展望し，国内の研究到達点を示すとともに，今後に残された課題を検討してきたが，本書が執筆された背景には，こうした環境経営の評価に関する危機的状況があった。今後，本書をきっかけとして，環境経営の評価に関する議論が国内でも再び活発化し，より多くの企業が環境経営の評価に取り組むことで，世界的な環境経営の評価に関する新たな局面に対して後手に回るのではなく，むしろ国内の企業が環境経営の評価において中心的な役割を担うことを期待している。そして，より多くの企業が環境経営の評価を実践し，評価結果を企業経営の意思決定に反映することで，持続可能な社会の実現に貢献できることを期待している。

（栗山浩一）

環境価値評価の理論と統計分析

1 基礎概念と支払意思額

　消費者が予算制約のもとで効用を最大になるように消費量を選択するとする。このとき，効用最大化問題は以下のとおりとなる。

$$\max_{\mathrm{x}} U(\mathrm{x}, q) \quad s.t. \quad \mathrm{px}=M \quad\text{(1)}$$

　ただし，$\mathrm{x}=(x_1,\cdots, x_n)$ は消費量ベクトル，$\mathrm{p}=(p_1,\cdots, p_n)$ は価格ベクトル，q は環境財の消費量，$U(\mathrm{x}, q)$ は効用関数，M は所得である。効用最大化問題の解は非補償需要関数$\mathrm{x}(\mathrm{p}, q, M)$で示される。また効用関数に需要関数を代入すると間接効用関数$V(\mathrm{p}, q, M)=U(\mathrm{x}(\mathrm{p}, q, M), q)$が得られる。間接効用関数は，価格，所得，環境水準を所与としたときに最大の効用を与えるものである。

　一方，消費者が効用を一定の状態で支出額が最小になるように消費量を選択するとする。このとき，支出最小化問題は以下のとおりとなる。

$$\min_{\mathrm{x}} \mathrm{px} \quad s.t. \quad U(\mathrm{x}, q)=u^0 \quad\text{(2)}$$

　ただし，u^0 は初期の効用水準である。支出最小化問題の解は補償需要関数$\mathrm{h}(\mathrm{p}, q, u^0)$で示される。また補償需要関数を用いて支出額を算出すると支出関数$e(\mathrm{p}, q, u^0)=\mathrm{ph}(\mathrm{p}, q, u^0)$が得られる。支出関数は価格，環境水準，効用水準を所与としたときの最小の支出額を与えるものである。

　環境水準が現状のq^0からq^1へと改善した場合を考える（$q^0<q^1$）。この環境改善に対する支払意思額は間接効用関数を用いると以下で定義される。

$$V(\mathrm{p}, q^0, M)=V(\mathrm{p}, q^1, M-WTP) \quad\text{(3)}$$

すなわち，環境がq^0からq^1へと改善したとき，WTPだけ支払うことで所得がMから$M-WTP$へと減少するが，効用水準は環境が改善する前と同じ水準である。WTPよりも高い金額を支払うと効用水準は環境が改善する前より低下するので，WTPが最大支払うことのできる金額である。式(3)をq^1で微分すると以下が得られる。

$$\frac{\partial WTP}{\partial q^1} = -\frac{\partial V}{\partial q^1} \bigg/ \frac{\partial V}{\partial M} \geq 0 \quad\cdots\cdots\cdots\cdots\cdots\cdots\cdots\cdots\cdots\cdots\cdots\cdots (4)$$

すなわち，環境が改善されるほどWTPは上昇する。一方，環境改善に対する支払意思額は，支出関数を用いると以下で定義される。

$$WTP = e(\mathrm{p},\, q^0,\, u^0) - e(\mathrm{p},\, q^1,\, u^0) = e(\mathrm{p},\, q^1,\, u^1) - e(\mathrm{p},\, q^1,\, u^0) \quad\cdots\cdots\cdots\cdots\cdots (5)$$

ここで，支出関数が効用水準に関して増加関数であることに注意すると，$u^0 < u^1$であればWTP>0となることが分かる。つまり，効用が上昇するとWTPはプラスとなる。したがって，環境改善に対するWTPは効用変化の符号を正しく反映した貨幣尺度となる。

支払意思額の理論モデルの詳細については，栗山（1998），Hanemann（1999），Freeman et al.（2014）を参照されたい。

2　CVM（仮想評価法）のモデル

CVM（仮想評価法）では，仮想的な環境対策の支払意思額を回答者に直接たずねるが，近年では金額を提示してYesまたはNoで回答してもらう二肢選択形式が一般的に用いられる。二肢選択形式CVMのデータから支払意思額を推定するモデルには，ランダム効用モデル，支払意思額関数モデル，生存分析の3種類があるが，ここでは代表的なランダム効用モデルについて示す。

環境対策が実施されたときには負担額がT円だけかかるが，環境対策が実施されない場合の負担額は0円とする。負担額T円で環境対策が実施されたときの効用関数をU_Y，負担額0円で対策が実施されないときの効用関数をU_Nとする。効用関数は次式のように観察可能な部分と観測不可能な誤差項によって構成されるとする。

$$U_Y=V_Y+\varepsilon_Y,$$
$$U_N=V_N+\varepsilon_N \quad\text{(6)}$$

ただし，V_YとV_Nは観測可能な確定項，ε_Yとε_Nは観測不可能な誤差項である。このとき，回答者が提示額T円に対してYesと回答する確率は，Yes回答時の効用U_YがNo回答時の効用U_Nを上回る確率であるので次式によって示される。

$$\Pr[Yes]=\Pr[U_Y>U_N]=\Pr[V_Y+\varepsilon_Y>V_N+\varepsilon_N]=\Pr[\Delta\varepsilon>-\Delta V] \quad\text{(7)}$$

ただし，$\Delta V=V_Y-V_N$は効用差の観測可能な部分，$\Delta\varepsilon=\varepsilon_Y-\varepsilon_N$は効用差の観測不可能な部分（誤差項の差）である。ここで，誤差項ε_Yおよびε_Nが第一種極値分布に従うと仮定すると，誤差項の差$\Delta\varepsilon$の分布はロジスティック分布となるためロジットモデルが適用できる。ロジットモデルでは，Yes回答の確率は次式で与えられる。

$$\Pr[Yes]=\frac{1}{1+\exp(-\Delta V)}=\Lambda(T) \quad\text{(8)}$$

観察可能な効用差関数としては，次式のように提示額に対して対数線形関数が想定されることが多い。

$$\Delta V=\beta_0+\beta_T lnT+\sum_k \beta_k x_k \quad\text{(9)}$$

ただし，x_kは個人属性であり，βはパラメータである。パラメータの推定は最尤法で行われる。すなわち，次式の対数尤度関数が最大となるように推定が行われる。

$$lnL=\sum_n d_n ln(\Pr[Yes])+(1-d_n)ln(1-\Pr[Yes]) \quad\text{(10)}$$

ただし，d_nは回答者nがYesと回答したときに1となるダミー変数である。

　推定されたパラメータを用いて支払意思額の中央値と平均値の算出が行われる。

$$\text{中央値} \quad WTP^*=\exp\left(-\frac{\beta_0+\Sigma_k\beta_k x_k}{\beta_T}\right)$$

$$\text{平均値} \quad WTP^+=\int_0^{Tmax}\Lambda(T)\,dT \quad\text{(11)}$$

ただし，T_{max}は提示額の最大値である。

CVMの推定モデルの詳細については，栗山（1998），Hanemann and Kanninen（1999），Haab and McConnell（2002）を参照されたい。

3　コンジョイント分析のモデル

コンジョイント分析では仮想的な製品あるいは環境対策を提示し，好ましさをたずねることで，環境属性の価値を評価する。ここでは製品評価の場合を例に説明する。仮想的な製品jは，K種類の製品属性を持っているとする。属性の組み合わせはプロファイルと呼ばれる。たとえば，製品jのプロファイルは$x_j=(x_{1j}, x_{2j}, \cdots, x_{kj})$となる。ただし，$x_{kj}$は製品$j$の$k$番目の属性の水準を示している。製品$j$の効用$U_j$は次式によって与えられるとする。

$$U_j=V_j+\varepsilon_j=\sum_k \beta_k x_{kj}+\varepsilon_j \quad\text{(12)}$$

ただし，V_jは製品プロファイルjの効用のうち観察可能な確定項，ε_jは観察不可能な誤差項，β_kはk番目の属性の限界効用（属性1単位あたりの効用）である。

コンジョイント分析では，個々の製品の好ましさをたずねる完全プロファイル評定型，対立する2つの製品のどちらがどのくらい好ましいかをたずねるペアワイズ評定型，複数の製品の中で最も好ましいものを選択する選択型実験の質問形式が存在する。

(1)　完全プロファイル評定型

完全プロファイル評定型では，個々の製品プロファイルの好ましさをたずねて評価する。たとえば，製品jの購入確率を0％から100％でたずねるとする。製品jの効用が高いほど購入確率は高くなると考えられるので，購入確率は効用関数と関連すると考えられる。したがって，製品jの購入確率$\Pr[j]$は次式

で与えられる。

$$\Pr[j]=\sum_k \beta_k x_{kj}+\varepsilon_j \quad\quad (13)$$

完全プロファイル評定型では，製品プロファイルx_jを提示して，購入確率$\Pr[j]$をたずねる。そして最小二乗法（OLS）によりパラメータβ_kの推定が行われる。完全プロファイル評定型では，すべての製品属性を同時に提示する必要があるため，属性数が多い場合は適用が困難である。

(2)　ペアワイズ評定型

ペアワイズ評定型では，2つの対立する製品プロファイルを提示して，どちらがどのくらい好ましいかをたずねる。ペアワイズ評定型では，属性の一部のみを表示し，表示されない属性は両者で同一と想定することで回答者に提示する属性を減らすことができるため，属性数が多い場合も適用可能である。

製品Aと製品Bが提示され，どちらがどのくらい好ましいかを9段階でたずねるとする。つまり，製品Aが非常に好ましい場合は1，製品Bが非常に好ましい場合は9，どちらともいえない場合は5である。このとき製品BとAの効用差$\Delta U_{BA}=U_B-U_A$は以下によって示される。

$$\Delta U_{BA}=\Delta V_{BA}+\Delta\varepsilon_{BA}=\sum_k \beta_k(x_{kB}-x_{kA})+\varepsilon_B-\varepsilon_A \quad\quad (14)$$

ただし，ΔV_{BA}は効用差の観察可能な部分，$\Delta\varepsilon_{BA}$は効用差の観察不可能な部分である。回答者は1から9のどれかを選択するが，この回答は効用差と関連がある。非常にBが好ましい場合は，Bの効用がAの効用よりも高く，効用差ΔU_{BA}はプラスの値となる。逆に非常にAが好ましい場合は，Aの効用がBの効用よりも高く，効用差ΔU_{BA}はマイナスの値となる。AとBの好ましさが等しい場合は，効用差ΔU_{BA}はゼロとなる。効用差の誤差項$\Delta\varepsilon_{BA}$が正規分布に従うと仮定すると順序プロビットモデルが適用でき，回答者が$s(=1, \cdots 9)$を選択する確率は

$$\Pr[s]=\Pr[\alpha_{s-1}\leq\Delta U_{BA}<\alpha_s]=\Pr[\alpha_{s-1}-\Delta V_{BA}\leq\Delta\varepsilon_{BA}<\alpha_s-\Delta V_{BA}]$$
$$=\Phi[\alpha_s-\beta_k(x_{kB}-x_{kA})]-\Phi[\alpha_{s-1}-\beta_k(x_{kB}-x_{kA})] \quad\quad (15)$$

によって与えられる。ただし，Φは標準正規分布の分布関数，αは閾値パラ

メータであり $a_0=0$, $a_s=\infty$ に基準化される。パラメータは以下の対数尤度関数が最大となるように推定が行われる。

$$lnL=\sum_n \sum_s d_{ns} \ln\{\Phi\left[\alpha_s - \beta_k(x_{kB}-x_{kA})\right] - \Phi\left[\alpha_{s-1} - \beta_k(x_{kB}-x_{kA})\right]\} \quad\cdots\cdots(16)$$

ただし，d_{ns} は回答者 n が回答 s を選択したときに1となるダミー変数である。

(3) 選択型実験

選択型実験では，複数の製品プロファイルが提示され，その中で最も好ましい製品を選択してもらう。J 個の製品が提示されたとき，回答者がその中から製品 i を選択するのは，製品 i の効用がその他の製品 j の効用より高いときである。したがって製品 i が選択される確率は，次式によって得られる。

$$\Pr[i]=\Pr[U_i>U_j,\ \forall j\neq i]=\Pr[V_i+\varepsilon_i>V_j+\varepsilon_j,\ \forall j\neq i]$$
$$=\Pr\left[\sum_k \beta_k x_{ki}+\varepsilon_i>\sum_k \beta_k x_{kj}+\varepsilon_j,\ \forall j\neq i\right]\quad\cdots\cdots(17)$$

ここで誤差項 ε_i が第一種極値分布に従うとするとロジットモデルに帰着し，選択確率は次式となる。

$$\Pr[i]=\frac{\exp(V_i)}{\sum_j \exp(V_j)}=\frac{\exp(\Sigma_k \beta_k x_{ki})}{\sum_j \exp(\Sigma_k \beta_k x_{kj})}\quad\cdots\cdots(18)$$

パラメータ β_k は次式の対数尤度が最大となるように推定が行われる。

$$lnL=\sum_n \sum_i d_{ni}\ln\frac{\exp(\Sigma_k \beta_k x_{ki})}{\sum_j \exp(\Sigma_k \beta_k x_{kj})}\quad\cdots\cdots(19)$$

ただし，d_{ni} は回答者 n が製品 i を選択したときに1となるダミー変数である。

(4) 支払意思額および製品シェア予測

コンジョイント分析で効用パラメータ β_k が推定されると，支払意思額や製品シェア予測が可能となる。観察可能な効用関数が次式のような線形関数の場合を考える。

$$V_j = \sum_k \beta_k x_{kj} + \beta_p p_j \quad\text{..}(20)$$

ただし，β_k は k 番目の属性の効用パラメータ，β_p は価格の効用パラメータ，p_j は製品 j の価格である。このとき，k 番目の製品属性を 1 単位増加することに対する支払意思額（限界支払意思額）は次式によって算出できる。

$$MWTP_k = -\frac{\partial V/\partial x_k}{\partial V/\partial p} = -\frac{\beta_k}{\beta_p} \quad\text{..}(21)$$

市場に j 個の製品（$x_1, x_2, \cdots, x_J$）が存在するとする。ここで新たに $j+1$ 番目の製品 x_{J+1} が登場したときの市場シェアは，$j+1$ 番目の製品が選択される確率であるから次式によって予測できる。

$$P_r[J+1] = \frac{\exp(V_{J+1})}{\sum_j^{J+1}\exp(V_j)} \quad\text{..}(22)$$

これにより，環境保全型製品が新たに市場に登場したときの市場シェアを予測することが可能となる。以上は製品評価を例に示したが，同様に環境対策の評価も可能である。

コンジョイント分析の詳細については栗山（2000），Louviere et al.（2000），栗山・庄子（2005）を参照されたい。

（栗山浩一）

参考文献

［第1章］

［第2章］
Freeman Ⅲ, A.M., Herriges, J.A. and Kling, C.L.（2014）*The Measurement of Environmental and Resource Values: Theory and Methods*（*3rd ed.*）, Routledge.

Haab, T.C. and McConnell, K.E.（2002）*Valuing Environmental and Natural Resources: The Econometrics of Non-Market Valuation*, Edward Elgar.

Herriges, J.A. and Kling, C.L. eds.（1999）*Valuing Recreation and The Environment: Revealed Preference Methods in Theory and Practice*, Edward Elgar.

Johansson, P.O.（1987）*The Economic Theory and Measurement of Environmental Benefits*, Cambridge University Press（嘉田良平監訳『環境評価の経済学』多賀出版, 1994年）.

Louviere, J.J., Hensher, D.A., and Swait, J.D.（2000）*Stated choice methods: analysis and applications*, Cambridge University Press.

Louviere, J.J., Flynn, T.N., and Marley, A.A.（2015）*Best-worst scaling: Theory, methods and applications*, Cambridge University Press.

Mitchell, R.C. and Carson, R.T.（1989）*Using Surveys to Value Public Goods: The Contingent Valuation Method*, Resources for the Future（環境経済評価研究会訳『CVMによる環境質の経済評価—非市場財の価値計測』山海堂, 2001年）.

稲葉敦（2005）『LCAの実務（LCAシリーズ）』産業環境管理協会。

伊坪徳宏・成田暢彦・田原聖隆（2007）『LCA概論（LCAシリーズ）』産業環境管理協会。

伊坪徳宏・稲葉敦（2010）『LIME 2—意思決定を支援する環境影響評価手法（LCAシリーズ）』産業環境管理協会。

國部克彦（2000）『環境会計』新世社。

國部克彦・伊坪徳宏・水口剛（2012）『環境経営・会計 第2版』有斐閣。

栗山浩一（1997）『公共事業と環境の価値—CVMガイドブック—』築地書館。

栗山浩一（1998）『環境の価値と評価手法』北海道大学図書刊行会。

栗山浩一（2000a）『図解 環境評価と環境会計』日本評論社。

栗山浩一（2000b）「コンジョイント分析」大野栄治編著『環境経済評価の実務』勁草書房, 105-132頁。

栗山浩一・庄子康編著（2005）『環境と観光の経済評価 国立公園の維持と管理』勁草書房。

栗山浩一・柘植隆宏・庄子康（2013）『初心者のための環境評価入門』勁草書房。

竹内憲司（1999）『環境評価の政策利用』勁草書房。

柘植隆宏・栗山浩一・三谷羊平編著（2011）『環境評価の最新テクニック：表明選好法・顕示選好法・実験経済学』勁草書房。

肥田野登（1997）『環境と社会資本の経済評価—ヘドニック・アプローチの理論と実際』勁草書房。

鷲田豊明（1999）『環境評価入門』勁草書房。

[第3章]

Huber, J. and Zwerina, K. (1996) "The Importance of Utility Balance in Efficient Choice Designs," *Journal of Marketing Research*, 33, 307-317.

Louviere, J.J., Hensher, D.A. and Swait, J.D. (2000) *Stated Choice Methods: Analysis and Application*, Cambridge University Press.

Mitchell, R.C., and Carson, R.T. (1989) *Using Surveys to Value Public Goods: The Contingent Valuation Method*, Resources for the Future（環境経済評価研究会訳『CVMによる環境質の経済評価—非市場財の価値計測』山海堂，2001年）.

栗山浩一・石井寛 (1999)「リサイクル商品の環境価値と市場競争力—コンジョイント分析による評価—」『環境科学会誌』12 (1)，17-26。

栗山浩一 (1999)「環境評価の現状と課題：CVM，コンジョイント分析を中心に」鷲田豊明・栗山浩一・竹内憲司編著『環境評価ワークショップ』築地書館，25-45。

栗山浩一 (2000)「コンジョイント分析」大野栄治編著『環境経済評価の実務』勁草書房，105-132。

鷲田豊明 (1999)『環境評価入門』勁草書房。

鷲田豊明・栗山浩一・竹内憲司編著 (1999)『環境評価ワークショップ』築地書館。

[第4章]

BUWAL（Bundesamt für Umwelt, Wald und Landschaft, スイス連邦内務省環境局）(1997) *Schriftenreihe Umwelt Nr.297: Bewertung in Okobilanzen mit der Methode der okologischen Knappheit* – Okofaktoren.

Cattin P. and Wittink, D.R. (1982) "Commercial Use of Conjoint Analysis: A Survey," *Journal of Marketing*,46, 44-53.

El Serafy S. (1989) "The proper calculation of income from depletable natural resources," in Ahmad,Y.J. Serafy, S.E. and Lutz,E. (eds.) *Environmental Accounting for Sustainable Development: A UNDP-World Bank Symposium*, The World Bank, Washington D.C. 10-18.

European Commission (EC) (1998) *ExternE: Externalities of Energy, Vol. 7, Methodology* 1998 update.

Goedkoop, M. and Spriensma, R. (2000) *The ecoindicator'99 A damage oriented method for Life Cycle Impact Assessment*, Methodology Report, June 2001, third edition.

Goldberg S.M., Green, P.E., and Wind, Y. (1982) "Conjoint Analysis of Price Premiums for Hotel Amenities," *Journal of Business*, 57, 1, S111-S132.

Green P.E. and Srinivasan,V. (1990) "Conjoint Analysis in Marketing: New Developments with Implications for Research and Practice," *Journal of Marketing Research*, 54, 3-19.

Green, P.E., Krieger, A.M., and Agarwal, M.K. (1991) "Adaptive Conjoint Analysis, Some Caveats and Suggestions," *Journal of Marketing Research*, 28, 215-222.

Hofstetter, P. (1998) *Perspectives in Life Cycle Impact Assessment*, Kluwer Academic Publishers.

Impact World+ 2015: ホームページ http://www.impactworldplus.org/en/methodology.php

Inaba, A., Mizuno, T., and Itsubo, N. (2000) *Development of Japanese LCIA Method Considering the Endpoint Damage*, Proc. 4th Int. EcoBalance.

ISO 14040 (2006) *International standard, Environmental management –Life cycle assessment -*

Principles and framework.

ISO 14042（2000）*Environmental management –Life cycle assessment- Life cycle impact assessment.*

Itsubo, N. and Inaba, A.（2000）*Definition of Safeguard Subjects for Damage Oriented Methodology in Japan*, Proc. 4th Int. Eco Balance 2000, 217-220.

Itsubo, N., Inaba, A., Matsuno, Y., Yasui, I., and Yamamoto, R.（2000）"Current Status of Weighting Methodologies in Japan," *International Journal of Life Cycle Assessment*, 5（1）5-11.

Itsubo N., Murakami, K., Kuriyama, K., Yoshida. K., Tokimatsu. K., and Inaba, A.（2015）"Development of weighting factors for G20 countries - explore the difference in environmental awareness between developed and emerging countries," *International Journal of Life Cycle Assessment*, Open access. doi: 10.1007/s11367-015-0881-z

LCImpact ホームページ http://www.lc-impact.eu/

Louviere J.J. and G. Woodworth（1983）"Design and Analysis of Simulated Consumer Choice or Allocation Experiments: An Approach Based on Aggregate Data," *Journal of Marketing Research*, 20, 350-367.

McFadden, D.（1974）"Conditional Logit Analysis of Qualitative Choice Behavior," in Zarembka, P.（ed.）*Frontiers in Econometrics*, Academic Press, 105-142.

Miller, G.A.（1956）"The Magical Number Seven, Plus or Minus Two: Some Limits on Our Capacity for Processing Information," *The Psychological Review*, 63（2）, 81.

Murakami, K., Itsubo, N., Kuriyama, K., Yoshida, K., and Tokimatsu, K.（2017）"Development of weighting factors for G20 countries, Part 2: Estimation of willingness to pay and annual global damage cost," *The International Journal of Life Cycle Assessment*, doi:10.1007/s11367-017-1372-1.

Murray, C.J.L. and Lopez, A.D.（eds.）（1996）*The Global Burden of Disease, Volume 1*, WHO/ Harvard School of Public Health/ World Bank, Harvard University Press.

NEEDS（New Energy Externalities Developments for Sustainability）（2006）*Final report on the monetary valuation of mortality and morbidity risks from air pollution.*

Schmidt-Bleek, F.（1993）*Wieviel Umwelt braucht der Mensch? MIPS. Das Maß für ökologisches Wirtschaften*, Basel, Boston, Berlin（佐々木健訳『ファクター10―エコ効率革命を実現する―』シュプリンガー・フェアラーク東京, 1997年）.

Steen, B.（1999）*A Systematic Approach to Environmental Priority Strategies in Product Development（EPS）. Version 2000- Models and Data of the Default Method*, Chalmers University of Technology.

Train, K. E.（2009）Discrete choice methods with simulation, Cambridge University Press.

伊坪徳宏・稲葉敦編著（2010）『LIME 2 ―意思決定を支援する環境影響評価手法（LCAシリーズ）』産業環境管理協会。

伊坪徳宏・稲葉敦・井伊亮太・湯龍龍・松田健士・村上佳世・本下晶晴・山口和子（近刊予定）「LIME 3 ―グローバルスケールで分析する環境影響評価手法」。

社団法人産業環境管理協会（2001）「平成12年度新エネルギー・産業技術総合開発機構委託『製品等ライフサイクル環境影響評価技術開発成果報告書』（平成13年3月）」。

鷲田豊明（1999）『環境評価入門』勁草書房。

鷲田豊明・竹内憲司・栗山浩一編（1999）『環境評価ワークショップ』築地書館。

庄子康・栗山浩一（2005）『環境と観光の経済評価—国立公園の維持と管理』勁草書房。

[第5章]

Freeman Ⅲ, A.M., Herriges, J.A. and Kling, C.L.（2014）*The Measurement of Environmental and Resource Values: Theory and Methods*（*3rd ed.*）, Routledge.

Johansson, P.O.（1987）*The Economic Theory and Measurement of Environmental Benefits*, Cambridge University Press（嘉田良平監訳『環境評価の経済学』多賀出版，1994年）.

足達英一郎・村上芽・橋爪麻紀子（2016）『投資家と企業のためのESG読本』日経BP社。

植田和弘・國部克彦・岩田裕樹・大西靖（2010）『環境経営イノベーションの理論と実践』中央経済社。

小方信幸（2016）『社会的責任投資の投資哲学とパフォーマンス—ESG投資の本質を歴史からたどる』同文舘出版。

栗山浩一（1998）『環境の価値と評価手法—CVMによる経済評価—』北海道大学図書刊行会。

栗山浩一（1999）「環境評価の現状と課題：CVM，コンジョイント分析を中心に」鷲田豊明・栗山浩一・竹内憲司編著『環境評価ワークショップ』築地書館，25-45。

栗山浩一（2000）「コンジョイント分析」大野栄治編著『環境経済評価の実務』勁草書房，105-132。

谷本寛治編（2003）『SRI 社会的責任投資入門』日本経済新聞社。

水口剛・國部克彦・柴田武男・後藤敏彦（1998）『ソーシャル・インベストメントとは何か』日本経済評論社。

水口剛（2005）『社会的責任投資（SRI）の基礎知識』日本規格協会。

水口剛編（2011）『環境と金融・投資の潮流』中央経済社。

水口剛（2017）『ESG投資—新しい資本主義のかたち』日本経済新聞出版社。

鷲田豊明（1999）『環境評価入門』勁草書房。

[第6章]

Mitchell, R.C. and Carson, R.T.（1989）*Using Surveys to Value Public Goods: The Contingent Valuation Method*, Resources for the Future（環境経済評価研究会訳『CVMによる環境質の経済評価—非市場財の価値計測』山海堂，2001年）.

大阪ガス（2002）『環境行動レポート2002』

大野栄治編著（2000）『環境経済評価の実務』勁草書房。

岩手県（2002）『岩手県環境会計　平成14年2月』。

環境省（2005a）『環境会計ガイドライン2005年版』。

環境省（2005b）『環境会計ガイドライン2005年版　参考資料集』。

栗山浩一（1997）『公共事業と環境の価値—CVMガイドブック—』築地書館。

栗山浩一（1998）『環境の価値と評価手法—CVMによる経済評価』北海道大学図書刊行会。

栗山浩一（2000a）『環境評価と環境会計』日本評論社。

栗山浩一（2000b）「コンジョイント分析」大野栄治編著『環境経済評価の実務』勁草書房。

栗山浩一・柘植隆宏・庄子康（2013）『初心者のための環境評価入門』勁草書房。

國部克彦（2000）『環境会計』新世社。

國部克彦編著（2011）『環境経営意思決定を支援する会計システム』中央経済社。

國部克彦・伊坪徳宏・水口剛（2012）『環境経営・会計 第2版』有斐閣。

國部克彦・伊坪徳宏・中嶌道靖・山田哲男編著（2015）『低炭素型サプライチェーン経営―MFCAとLCAの統合』中央経済社。

竹内憲司（1999）『環境評価の政策利用』勁草書房。

肥田野登編著（1999）『環境と行政の経済評価―CVM（仮想市場法）マニュアル』勁草書房。

山上達人・向山敦夫・國部克彦（2005）『環境会計の新しい展開』白桃書房。

鷲田豊明（1999）『環境評価入門』勁草書房。

[第7章]

OECD（2012）*Mortality Risk Valuation in Environment, Health and Transport Policies*, OECD Publishing, Paris.

Viscusi, W. K.（1993）"The Value of Risks to Life and Health," *Journal of Economic Literature*, XXXI, 1912-1946.

岡敏弘（1999）『環境政策論』岩波書店。

岸本充生（2005）「確率的生命価値の公的利用―英国と米国の場合―」『会計検査研究』第31号，221-244。

栗山浩一（1997）『公共事業と環境の価値―CVMガイドブック―』築地書館。

栗山浩一（1998）『環境の価値と評価手法―CVMによる経済評価』北海道大学図書刊行会。

栗山浩一（2000）「コンジョイント分析」大野栄治編著『環境経済評価の実務』勁草書房。

栗山浩一（2005a）「環境政策の費用便益分析」『フィナンシャルレビュー』第3号（通巻第77号），149-163。

栗山浩一（2005b）「コンジョイント分析による地球温暖化効果と安全性の評価」『早稲田大学政治経済学雑誌』No.358，60-82。

栗山浩一・岸本充生・金本良嗣（2009）「死亡リスク削減の経済的評価―スコープテストによる仮想評価法の検証」『環境経済・政策研究』2（2），48-63。

栗山浩一・馬奈木俊介（2016）『環境経済学をつかむ 第3版』有斐閣。

竹内憲司（2002）「生と死の経済学 ―死亡リスクの微少な変化に対して人々はどの程度の支払いをするつもりがあるか―」『会計検査研究』第26号，229-241。

内閣府（2007）『交通事故の被害・損失の経済的分析に関する調査研究報告書』平成19年3月，内閣府政策統括官（共生社会政策担当）。

中西準子（1995）『環境リスク論―技術論からみた政策提言』岩波書店。

中西準子（2004）『環境リスク学―不安の海の羅針盤』日本評論社。

鷲田豊明・栗山浩一・竹内憲司編著（1999）『環境評価ワークショップ』築地書館。

[第8章]

BBOP（2012a）*Standard on Biodiversity Offsets*, Business and Biodiversity Offsets Programme, Washington, D.C.

BBOP（2012b）*Biodiversity Offset Design Handbook*, Business and Biodiversity Offsets Programme, Washington, D.C.

Daly, H.E.（1994）"Operationalizing Sustainable Development by Investing in Natural Capital," in Jansson, A. et al.（eds.）*Investing in Natural Capital*, Washington D.C.: Island Press, 22-37.

EC（2012a）*Product Environmental Footprint（PEF）Guide final draft*, European Commission,

Ispra, Italy, July.

EC (2012b) *Organization Environmental Footprint (OEF) Guide final draft*, European Commission, Ispra, Italy, July.

EVRI (2017) *The Environmental Valuation Reference Inventory (EVRI)*, Environment and Climate Change Canada. http://www.evri.ca

Kareiva, P., Tallis, H., Ricketts, T.H., Daily, G.C., and Polasky, S. (eds.) (2011) *Natural capital: theory and practice of mapping ecosystem services*, Oxford University Press.

NCC (2014a) *Valuing natural capital in business: towards a harmonized protocol*, Natural Capital Coalition.

NCC (2014b) *Valuing natural capital in business: Taking stock – existing initiatives and applications*, Natural Capital Coalition

NCC (2016) *Natural Capital Protocol*, Natural Capital Coalition.

OECD (2010) *Paying for Biodiversity: Enhancing the Cost-Effectiveness of Payment for Ecosystem Services*, OECD Publishing, Paris.

TEEB (2012) *The Economics of Ecosystems and Biodiversity in Business and Enterprise*, Earthscan, London and New York.

TEEB (2013) *The Economics of Ecosystems and Biodiversity – Valuation Database Manual*, The Economics of Ecosystems and Biodiversity.

TEEB for Business Coalition (2013) *Natural capital at risk: the top 100 externalities of business*, TEEB for Business Coalition.

WBCSD (2011) *Guide to Corporate Ecosystem Valuation*, World Business Council for Sustainable Development.

WBCSD (2013) *Eco4Biz - Ecosystem services and biodiversity tools to support business decisionmaking*, World Business Council for Sustainable Development.

WBCSD (2015a) *Business guide to water valuation: An introduction to concepts and techniques*, World Business Council for Sustainable Development.

WBCSD (2015b) Reporting matters: Communicating on the Sustainable Development Goals, World Business Council for Sustainable Development.

WRI (2012) *The Corporate Ecosystem Services Review, version 2.0: Guidelines for identifying Business risks and opportunities arising from ecosystem Change*, World Resources Institute

伊坪徳宏・稲葉敦 (2005)『ライフサイクル環境影響評価手法—LIME-LCA，環境会計，環境効率のための評価手法・データベース』産業環境管理協会。

伊坪徳宏・稲葉敦 (2012)『LIME 2 —意思決定を支援する環境影響評価手法』産業環境管理協会。

環境省 (2016)『平成27年度環境会計・自然資本会計のあり方に関する課題等調査検討業務』に対する結果報告書 平成28年1月29日。

自然資本研究会編著 (2015)『自然資本入門：国，自治体，企業の挑戦』NTT出版。

谷口正次 (2014)『自然資本経営のすすめ：持続可能な社会と企業経営』東洋経済新報社。

林希一郎・伊藤英幸 (2010a)「生態系サービスの支払い（PES)」林希一郎編著『生物多様性・生態系と経済の基礎知識』中央法規，172-192。

林希一郎・伊藤英幸 (2010b)「生物多様性オフセットと生物多様性バンキング」林希一郎編著『生物多様性・生態系と経済の基礎知識』中央法規，193-218。

藤田香（2017）『SDGsとESG時代の生物多様性・自然資本経営』日経BP社。

［付録］

FreemanⅢ, A.M., Herriges, J.A. and Kling, C.L.（2014）*The Measurement of Environmental and Resource Values: Theory and Methods*（*3rd ed.*）, Routledge.

Haab, T.C. and McConnell, K.E.（2002）*Valuing Environmental and Natural Resources: The Econometrics of Non-Market Valuation*, Edward Elgar.

Hanemann, W.M.（1999）"The economic theory of WTP and WTA," in Bateman, I.J. and Willis, K.G.（eds.）*Valuing environmental preferences: Theory and practice of the contingent valuation method in the US, EU and developing countries*, Oxford University Press, 42-96.

Hanemann, M. and Kanninen, B.（1999）"Statistical Analysis of Discrete-Response Data," in Bateman, I.J. and Willis, K.G.（eds.）*Valuing environmental preferences: Theory and practice of the contingent valuation method in the US, EU and developing countries*, Oxford University Press, 302-441.

Louviere, J.J., Hensher, D.A. and Swait, J.D.（2000）*Stated Choice Methods: Analysis and Application*, Cambridge University Press.

栗山浩一（1998）『環境の価値と評価手法―CVMによる経済評価―』北海道大学図書刊行会。

栗山浩一（2000）「コンジョイント分析」大野栄治編著『環境経済評価の実務』勁草書房, 105-132頁。

栗山浩一・庄子康編著（2005）『環境と観光の経済評価　国立公園の維持と管理』勁草書房。

索　引

〈著者紹介〉

植田　和弘（うえた　かずひろ）…………………………………………… 責任編集
1975年京都大学工学部卒業，大阪大学大学院博士課程修了，ロンドン大学および未来資源研究所研究員，ダブリン大学客員教授，京都大学大学院経済学研究科教授および同地球環境学堂教授を経て，現在，京都大学名誉教授。経済学博士，工学博士。
CDM and Sustainable Development in China from Japanese Perspectives. Hong Kong University Press, 2012, edition，『国民のためのエネルギー原論』（共編著，日本経済新聞出版社，2011年），『サステイナビリティの経済学』（監訳，岩波書店，2007年），『リーディングス環境』全5巻（共編著，有斐閣，2005-6年），『環境経済学』（岩波書店，1996年）他，著書多数。

國部　克彦（こくぶ　かつひこ）…………………………………… 責任編集，第3，5，6章
1985年大阪市立大学商学部卒業，同大学院経営学研究科博士課程修了，大阪市立大学助教授，神戸大学助教授等を経て，現在，神戸大学大学院経営学研究科教授。日本MFCAフォーラム会長，ISO/TC207/WG8議長などを務める。
『マテリアルフローコスト会計の理論と実践』（共編著，同文舘出版，2018年），『アカウンタビリティから経営倫理へ』（有斐閣，2017年），『CSRの基礎』（共編著，中央経済社，2017年），『低炭素型サプライチェーン経営』（共編著，中央経済社，2015年）他，著書多数。

栗山　浩一（くりやま　こういち）…… 第1，2，3，5，6，7，8，9章，付録，本巻編集
奥付〈編著者紹介〉参照。

鷲田　豊明（わしだ　とよあき）…………………………………………………… 第3章
1978年名古屋大学工学部電気工学科卒業，神戸大学大学院経済学研究科博士課程後期課程中退，岩手大学助教授，和歌山大学教授，神戸大学教授などを経て，現在上智大学大学院地球環境学研究科教授，博士（経済学）。
『エコロジーの経済理論—物質循環論の基礎—』（日本評論社，1995年），『環境と社会経済システム』（勁草書房，1997年），『環境評価入門』（勁草書房，2000年），『環境政策と一般均衡』（勁草書房，2005年），『環境ゲーム論：対立と協力，交渉の環境学』（ぎょうせい，2011年）他。

伊坪　德宏（いつぼ　のりひろ）………………………………………………… 第4章
1998年東京大学工学系研究科材料科学専攻博士課程修了，現在，東京都市大学環境学部教授，同大学院環境情報学研究科長。博士（工学）。社団法人産業環境管理協会（1998年〜）。独立行政法人産業技術総合研究所ライフサイクルアセスメント研究センター（2001年〜）で環境影響評価手法LIMEの開発と産業界への応用研究に従事。2005年から東京都市大学（旧　武蔵工業大学）環境情報学部准教授。2013年から教授，2016年より同大学院環境情報学研究科長。共著に『ライフサイクル環境影響評価手法』（産業環境管理協会，2005年），『LCA概論』（産業環境管理協会，2007年），『LIME 2』（産業環境管理協会，2010年），『環境経営・会計』（有斐閣，2012年）他，著書多数。

村上　佳世（むらかみ　かよ）…………………………………………………………… 第4章
2004年関西大学経済学部卒業，京都大学大学院博士課程修了，同大学経済研究所研究員，東京都市大学研究員，京都大学経済学研究科研究員，筑紫女学園大学講師，カリフォルニア大学客員研究員などを経て，現在，日本学術振興会特別研究員（RPD）。経済学博士。
主著に，「消費者の知識と信念の更新—オーガニック・ラベルのコンジョイント分析」（共著，日本経済研究68：23-43，2013年），「Consumers' Willingness to Pay for Renewable and Nuclear Energy: A Comparative Analysis between the US and Japan」（Energy Economics, 50, 178-189, 2015）他。

稲葉　敦（いなば　あつし）…………………………………………………………… 第7章
1976年東京大学工学部卒業。東京大学大学院博士課程修了。公害資源研究所入所後，米国商務省火災研究所客員およびオーストリア国際応用システム研究所客員研究員，産業技術総合研究所LCA研究センター長，東京大学人工物工学研究センター教授を経て，現在，工学院大学先進工学部教授。工学博士。ISO14040/44；2006共同議長。IPCC/AR5/WG3リードオーサー。日本工業標準調査会標準部会部会長などを歴任。
『演習で学ぶLCA』（共編著，CAT，2018年），『カーボンフットプリントのおはなし』（日本規格協会，2010年），『LIME2—意志決定を支援する環境影響評価手法』（監修，丸善，2010年）他，著書多数。

〈編著者紹介〉

栗山　浩一（くりやま　こういち）
1992年京都大学農学部卒業，同大学院農学研究科修士課程修了，北海道大学助手，早稲田大学専任講師，助教授，教授，カリフォルニア大学バークレー校客員研究員を経て，現在，京都大学農学研究科教授。博士（農学）。『環境経済学をつかむ 第3版』（共著，有斐閣，2016年），*Environmental Economics*（共著，Routledge，2016年），『生物多様性を保全する』（編著，岩波書店，2015年），『初心者のための環境評価入門』（共著，勁草書房，2013年），『環境評価の最新テクニック』（編著，勁草書房，2011年）他，著書多数。

環境経営イノベーション④
企業経営と環境評価

2018年8月10日　第1版第1刷発行

責任編集者	植	田	和	弘
	國	部	克	彦
編著者	栗	山	浩	一
発行者	山	本		継
発行所	㈱中 央 経 済 社			
発売元	㈱中央経済グループ パ ブ リ ッ シ ン グ			

〒101-0051　東京都千代田区神田神保町1-31-2
電話　03（3293）3371（編集代表）
03（3293）3381（営業代表）
http://www.chuokeizai.co.jp/
印刷／三 英 印 刷 ㈱
製本／誠 　製 　本 　㈱

© 2018
Printed in Japan

＊頁の「欠落」や「順序違い」などがありましたらお取り替えいたしますので発売元までご送付ください。（送料小社負担）
ISBN978-4-502-26891-5　C3334

環境経営イノベーションシリーズ

全10巻

植田和弘・國部克彦〔責任編集〕

（◆印＝既刊）

中央経済社